在独处的时光里,把自己的生活节奏放慢,

然后去遇见一个不一样的自己。

与自己结伴而行,才是我们最清晰的时光。

做一个藏锋于心的好人,
才能在对世界释放善意的同时,
保护好自己。

年轻的好处,

是可以在没有看清楚这个世界之前,做率性的事。

荒唐也好,可笑也好,那都是无悔的青春。

在一切变好之前,我们总要经历一些不开心的日子,
这段日子也许很长,也许只是一觉醒来,
所以耐心点,给好运一点时间。

我相信这世界上,有些人,有些事,有些爱,
在见到的第一次就注定要羁绊一生,
就好像有一把无形的爱锁一般,
锁住彼此的两颗心,生生世世。

这个世界上，

有些人有多冷漠，有些人就有多温暖，

希望你总会遇到那些温暖对你的人。

让你拥有足够多的勇气和决心，

可以一直站在你所热爱的世界里闪闪发光。

能相互陪伴着走过一程,已经三生有幸。
深夜里那场璀璨至极的烟火,
看过,总好过世界里只有一片黑暗,
从来不曾被惊艳过。

最好的时光，在路上；

最好的生活，在别处。

独自上路去看看这个世界，

你终将与最好的自己相遇。

无所求，必满载而归

代琮 著

中国水利水电出版社
·北京·

内 容 提 要

与其活成别人期待的模样，不如干干脆脆地做自己。青年作家代琮用明媚的笔触告诉所有年轻人：在独处的时光里，你可以有足够的时间放慢自己的生活节奏，然后去遇见一个不一样的自己。愿你时刻都有好运气，如果没有，愿你在困境中学会慈悲；愿你被很多人爱，如果没有，愿你在寂寞中学会爱自己。

图书在版编目（CIP）数据

无所求必满载而归 / 代琮著. -- 北京：中国水利水电出版社，2021.11
ISBN 978-7-5226-0191-5

Ⅰ．①无… Ⅱ．①代… Ⅲ．①成功心理－青年读物 Ⅳ．①B848.4-49

中国版本图书馆CIP数据核字(2021)第215685号

书　　名	无所求必满载而归 WU SUO QIU BI MANZAI ER GUI
作　　者	代琮　著
出版发行	中国水利水电出版社 （北京市海淀区玉渊潭南路1号D座　100038） 网址：www.waterpub.com.cn E-mail: sales@waterpub.com.cn 电话：（010）68367658（营销中心）
经　　售	北京科水图书销售中心（零售） 电话：（010）88383994、63202643、68545874 全国各地新华书店和相关出版物销售网点
排　　版	北京水利万物传媒有限公司
印　　刷	河北文扬印刷有限公司
规　　格	146mm×210mm　32开本　8印张　186千字
版　　次	2021年11月第1版　2021年11月第1次印刷
定　　价	49.80元

凡购买我社图书，如有缺页、倒页、脱页的，本社发行部负责调换
版权所有·侵权必究

目录

辑一 愿你不争不抢，却有岁月打赏

掌握好生活中的自由裁量权很重要	002
迷路的时候，愿你多一点儿坚持的勇气	007
我比谁都相信努力奋斗的意义	011
众生看我皆草木，唯你视我为青山	017
别在该努力的年纪，吝啬付出	022
我们都应该成为别人的勇气和力量	027
非常努力，才能看起来毫不费力	033
别把你昂贵的青春，浪费在廉价的熬夜上	039

辑二 爱情里，希望我们贪图的都是快乐

人的安全感不是源于爱，而是偏爱	046
在爱情里，有些话越欲言又止，越动听	051
遇见幸福，发现更好的自己	058
找个愿意为你下厨的人	063
好的感情，会彼此成就	069
远离那个做了点儿皮毛就说爱你的人	074
人生苦短，愿你每一天都过得快乐	081
人生写成诗，"我爱你"是最后一行	086

辑三 生活不简单，尽量简单过

你的心软和不好意思，可能会害了自己	094
在自我尊重前，没有金钱微不足道	099
众生皆苦，唯有你是草莓味	106
感激自己与自己结伴而行的时光	112
不要活在别人的期待里	117
我曾遇见你，想到就心酸	121
愿你遇见那个跟你同样优秀的人	126
人间烟火，无一是你，无一不是你	131

辑四 人生没有那么多观众,不妨大胆一点儿

每个人终将走向平凡之路	138
你不是不合群,而是不合"他们"	143
做一个问心无愧的好人,藏锋于心	151
你走我不送你,你来多大风雨我都去接你	158
最好的朋友从来都不是无话不说	164
与不合适的人生活在一起,才最孤独	170
生活是自己的,尽情打扮,尽情可爱	176
先让自己有趣,世界和生活才会有趣	181
如你心中有光,道路前方必见阳光	189

辑五 无所求则无所惧,有所欲必有所慌

请你远离速成模式,开始从零成就自我	196
看清楚梦想,时间会给你答案	201
我们都想要自由而有趣的人生	207
打不倒你的,终将使你更强大	212
热爱,可抵岁月漫长	217
不动声色的善良,最动人	223
愿你内心明媚有光,永远对爱情怀有希望	231
认识生活的真相后,请你依然热爱它	236

辑一 PART 01

愿你不争不抢，
却有岁月打赏

掌握好生活中的
自由裁量权很重要

· 1 ·

接到小徐打来的电话时,我正在公司加班赶稿子。电话那头闹哄哄的,嘈杂的声音传来:"啊?什么事情?我现在马上过去……不好意思啊,我哥找我有急事,我现在得过去,你们继续啊,我先走了,实在不好意思……"

电话里的声音渐渐弱了下来,我脑补了一下画面,便明白了小徐的用意。我没吭声,等着电话那头逐渐趋于安静,熟悉的声音再度传来:"兄弟,公司聚餐实在走不开,不好意思打扰你了,没影响你吧?"

两人寒暄几句,索性约了时间见面。

我关上电脑,从忙碌的工作中抽身出来,仔细回想,因为工作,我与小徐已许久没见过了。

小徐是我的大学舍友,大学时,我们几乎形影不离,毕业后也生活在同一座城市。我们都以为彼此会一直保持联系，然而这次见面反倒是我们毕业后的第一次相聚。

如此突然，又如此自然。

生活在同一座城市里，我们有不同的圈子，工作圈、生活圈、朋友圈都不同，见面的时间也一推再推。

一见到小徐，便闻到一身的酒气，看他的状态，就知道喝了不少。小徐一向自律，同学四年，我从未见过他如此状态，不觉生出几分感慨来：社会是一个大染缸，在我们每个人的身上都留下了不一样的颜色。

小徐说以前上学的时候，喝酒只为开心，一醉方休是发泄的方式；工作之后少不了应酬，处处酒局，客套话多了，快乐少了，喝酒也成了逃不开的烦恼。

他揉了揉太阳穴说，生活好像被工作填满了，没有私人空间，没有自由，而且老大不小的年龄了，连找对象的时间都没有。

想起刚合上电脑加班赶稿的自己，对他的话，我深表认同。

· 2 ·

小徐的这种情况绝非个例。

身处社会的年轻人，一开始怀着满腔热情，想要干出一番事业，不怕吃苦受累，加班已是常态，干着超出工作范围的事情，拿着微薄的薪资。

生活的空间被无限制地压缩，工作日渐繁重，一天之中占据的时间比例越来越高。

加班在无形中成了一种潜规则，好像年轻人只有通过加班才能表现出对工作的热情和忠诚。

小徐说，和加班比起来，无止境的应酬更让人心累。下班后好不容易能有自己的生活，结果又得去应酬，没有自己的时间，没有办法安排自己的生活。

应酬在某种程度上摧残着身心，认人们疲惫不堪、苦不堪言。

上班和下班没有了区别。

· 3 ·

我认识的一个朋友李哥，情况比小徐更糟糕。在公司宴请新客户的酒局上，他喝酒太多导致住进了医院，医生诊断胃炎和食道出血。

我去医院看他的时候，他倒是面色平淡，没有太多的情绪。李嫂围在病床前，面上挂着泪滴，神色忧愁，见我来了连忙擦了擦眼泪，起身离开。

他们的小孩儿刚学会走路不久，趴在李哥的床前，一声声喊着爸爸，软糯糯的声音，温暖治愈。

我抱起孩子逗了会儿，和李哥聊了聊近况。

我问他："你也不是嗜酒的人，怎么喝成这样？"

李哥说："我也不知道，喝酒前也明白自己不能喝多，酒过三巡，不知不觉就喝多了。酒桌上，一切计划都不算数，到医院才幡然醒悟，却都晚了。"

把自己身体喝垮了，值不值得？

当然不值得。

这个道理大家都懂，可喝酒照旧，一切如常，该喝大喝大，该进医院进医院。家人担心不已，却也无可奈何。

谁不是为生活所迫？

嗜酒如命，心甘情愿豁出身体的又有几个？

可当我叮嘱李哥以后多注意身体，少喝酒的时候，李哥也只是说了一句尽量吧。语气颇为无奈。

应酬成了工作中必不可少的一环，有时候又不得不去，去了又不得不喝酒，喝酒又伤身。

· 4 ·

如何协调工作和生活是件很重要的事情。

我们很难将工作和生活完全分割开，常常因为工作任务完不成而加班，也常在下班后参加工作上的应酬，抑或将工作中的不良情绪带到生活中去。

工作在无形中占据了我们很多时间，本来我们能自由支配的时间就少得可怜，经过压缩后，更是少之又少。

我认为，在工作的时候，我们要勤勤恳恳，高质量地完成工作任务，做到今日事今日毕，拒绝无效应酬，把心思放在工作上，这样才能给生活留有时间。

我们的生活应该掌握在自己手中，在合理的范围内调配时间，掌控生活的自由裁量权。

我们应该在工作之余把生活过得多姿多彩，把日子过得有滋有味。

迷路的时候，愿你多一点儿坚持的勇气

· 1 ·

很多人面试的时候，可能都遇到过一个问题：一天中除去忙碌的上班时间，其余时间你是如何分配的？

有的人心里可能会嘀咕，这也未免太简单了，胡编乱造往好的方面说呗。

的确，如果面试只有这一个问题的话，胡编一通也许没人能判断真假。但如果这只是一个引入面试正式阶段的问题，那接下来可能情况就尴尬了。

你应该可以想象到，如果面试官随手拿出一个案例让你发表看法，提出建议，一个每天将大部分时间花在游戏和玩乐上的人与一个坚持每天看新闻、补充专业知识的人，给出的答案会差出十万八千里。

2

前些时候,一个小伙子在微信后台跟我抱怨,说自己很想努力地坚持做好一件事,但往往事与愿违,做着做着就半途而废了。

他说从小周围的人就夸自己聪明,什么事情一学就会,他也慢慢地觉得自己应该是跟别人不一样的,肯定能成为一个优秀的人。可后来长大了,却发现聪明并不能给人生的成功增加什么筹码。

大学的时候,宿舍的室友天天跑图书馆,泡自习室,公式背上好多遍才记得住,而他在期末考试前两天突击一下老师划的重点居然也能过。后来毕业工作了,有的同事为了完成指标和任务要在外面奔波调研一个多月才能得出数据,而他只用一个星期就能完成。

我不由得回复他:"那多好,这样你就有充足的时间做自己感兴趣的事了,这不正是很多人追求的生活吗?"

可他却说:"我根本不知道自己感兴趣的是什么,我给自己定过很多目标,比如健身、学一门语言、考证。可到现在一个目标都没完成过,每次坚持了几天就半途而废了。每天下班后,刷刷微博、抖音,时间就这么悄悄溜走了。"

在他的记忆里,大学毕业已经五六年了,什么都没留下,什么也没学到。在学校里,虽然大学四年没挂过科,却也谈不上多么优秀，充其量也就是个普普通通的成绩。公司里，工作都可以按时完成，但也只是维持在不出差错的水平，业务上并没有多精通。

他说，有天在公众号看到我的文章，突然觉得自己一事无成，不知道人生的目标在哪里。恐怕就像流行的那句话说的一样：最怕你一生碌碌无为，还安慰自己平凡最可贵。

· 3 ·

其实想想，对于普通人来说，人与人之间最大的差距，大概就是不断地坚持吧。那些看似无关紧要的漫长日子里，可能你每天只是多做10分钟，但这些微不足道的坚持和付出都会让你的人生变得更有底气。

日本销售大师原一平，比别人多坚持了一年，最后成了知名的销售"大神"。开始他只是一个很普通的推销员，他的第一份工作就是推销保险。刚到公司面试时，主考官并不看好他，并且直言他不是干推销的料。可是原一平凭着不服输的劲儿，许下了每月推销10000日元的诺言，成为一名见习推销员。后来，他被分配了一个极难完成的任务，领导让他和另外两位同事把一位大客户谈下来。

这个客户，公司里的很多同事都没谈下来，每次去拜访他都以失败告终，因为这个人压根儿就不打算买保险。可是公司非常想谈下这一单，于是就把这个任务交给了原一平和他的同事。

他们接连去了几次都吃了闭门羹。就这样拖了几个月，其他两个同事都放弃了，觉得想让一个根本没有意愿买保险的人买保险简直是天方夜谭。最后只有原一平在坚持着。

他考虑再三，决定改变方法。他不再每天都去，变成了每周都去，就这样坚持了3年零8个月，登门拜访70次都被拒绝。就在很平常的一天他继续去这个大客户的公司，这次没有遭到拒绝，客户反而特别佩服他坚强的毅力和信念，最后给全公司的员工都买了保险。

· 4 ·

正是坚持了别人没有坚持的，才造就了这样一个声名显赫的人物。

不要往后看，也不要把未来想得那么远，我们只需要努力地一直走下去就好。即便坚持有痛苦，可坚持也有魅力。当我们在喜欢的路上乐此不疲地行走时，即使荆棘遍地也能发现坚持的美，那种美倔强又真实。

我比谁都相信努力奋斗的意义

· 1 ·

"人活在世上,就必须努力。"这是我从小到大,无数次听人说起过的一句话。

近来,我也渐渐由这句话开始思考一个问题:我们为什么要努力?

不过在真正解答它之前,我想有必要先搞清楚一个前置问题:我们究竟生活在怎样的环境里?

其实对大部分人来说,我们的前半生,起码大学毕业前,都过得相对安逸,以至于我们常常忽略"这个世界本来就崎岖艰难"的事实。

之所以我们眼里看到的世界温情脉脉,不过是因为我们足够幸运。有国家或父母荫庇,于树底乘凉,我们体会不到外面的烈日有多毒辣灼人。

然而，当需要你亲自上阵开荒拓土的时候，你才能发现，原来我们一直以来生活在这么一个竞争激烈的世界。

其实我们大部分人已经足够幸运，即使不用非常努力，也至少小康。我们周围的竞争并没有过分残酷，起码无关生死。

但生活如逆水行舟，不进则退。

由于我们身处竞争之中，人们都在向前迈步，原地不动的人自然会被落下。在这片浪潮汹涌的水域，从来就没有毫不费力、轻松航行的方向。

你不努力划桨虽不至于翻船，但你一定活得不太漂亮，也不太适意。

· 2 ·

时至今日，简单地生活尚且需要成本，更何况相对愉快，相对体面地活着。所以，我们必须付出万分努力，才能看上去活得轻松适意。

当我们不努力时，则必须承担不努力的后果。

职场上不努力，就得承受低薪水；学业上不努力，就得承受知识面狭窄；而如果万事不努力，就得承受生活水准越落越低，人生一日比一日更加艰难的现实。

当然，我们不仅仅是因为环境的推动而选择努力，更是因为人本身就是一种期待进取的生物。

我们活在世上，总会有所期盼，或是更好的生活，或是成为更好的自己。尽管大家对这个"好"字的定义大不相同，它可以是更多的金钱积蓄，可以是更出色的外表，也可以是更平静闲适的心境。

就像我的一位朋友，曾经跟我说起过他的见解：虽然小饭馆也不错，但还想尝尝高档餐厅；虽然平价牌子也不错，但对奢侈品也有渴望；虽然就这么安稳地生活也不错，但更想看看自己能不能走到更高处，接触更大的圈子，看看更远的世界。

努力可以被看作一段向上攀登的阶梯，通过微小的努力，就可以达成微小的目标，一点点进步积累起来，便可以形成巨大的动力，也足以满足我们那些遥不可及的欲望和梦想。

· 3 ·

我自小就认识的一位邻居，上学时成绩还算不错，但也不至于好到叫人侧目的水平，所以成绩离他理想的大学还是有些距离。

他多次跟我提起他一直向往的学校是香港大学，不过那年高考后也只是去了个普通的一本学校。

后来假期小聚，他与我谈论的话题大多是新的实验或课题，很少涉及游戏和娱乐。

直到几个月前，他来报喜说自己考上了香港大学博士生，现在已经开学了，着实叫我吃了一惊。原来不声不响地努力日久，累积的力量竟能达到不可思议的程度。

当然我也认识另一种人，我相信每个大学都有不少这样的人——把"上大学等于解放"这几个字奉为圣旨，选修课必逃，必修课选逃，在寝室睡觉打游戏，抑或每日逛街娱乐，直到期末考试时才临时抱佛脚，复习几天，过不过全看天意。

前些日子，听同事说起她的表弟在匆匆忙忙地到处找人求救，原来是有一科考试没及格，需要延迟毕业，找老师说情无果，询问是否还有挽救的办法。

我们对此只能扼腕叹息，那门课的考试不难，但凡上心，也不至于连补考线都达不到，更别说只要当初努力一点儿，就不至于到一门课不及格就要延迟毕业的地步。

我不敢断言他们以后的人生会走向相反的两极，但起码从现在起，两条原本平行的线条已经开始向不同的方向延伸。那位在香港大学进修的邻居，未来是可以预见的前途似锦；而延迟毕业的同事弟弟，不仅要在档案上留下一笔，更会在风评，以及毕业和工作的协调上受到难以计量的损失。

其实，这两个鲜明例子的背后，也只不过是努力与否的区别。

· 4 ·

每个人都是航行在一片海面上的舵手，或许有的地方一年四季刮着助行的顺风，有的地方分布着容易让船只磕磕碰碰的暗礁，但最终谁能够航行得更远，还要看舵手的意志有多坚定，技巧有多高超。

当然你可以说，努力挥桨是区分舵手航行距离的硬性条件，而并非顺风或暗礁。但总有人愤愤不平地质疑，有那么多人天生的位置就比自己好，自己努力了又有什么用呢？

可我一直认为，努力虽不能隔空打败高起点的人，但却可以打败自己灰暗的未来。

要知道，因为他人的起点比自己优越而放弃自己，本身就是莫名其妙的行为。

生活如逆水行舟，我们所做的任何事情，都是为自己负责，也是为自我谋利。

或许某些高起点的人可以游手好闲地放弃努力，但平凡人却要想想自己是否可以承受这种行为的后果。

因为愤懑、赌气而停下挥桨的手，无异于用他人的优势惩罚自己。其实我们并不需要追赶最前面的那一批人，只要尽力就好。我们如此努力，不过是为了在竞争关系中趋前一些。

为了不在漩涡里打转，或干脆触礁沉船，我们只得努力挥桨。为了去看远方壮丽的奇观，我们就得挥动得再勤奋一些。只要还不知道"甘心"两个字怎么写，这个动作就不能停止。

但挥桨的意义却不限于此，努力还带给我们很多。

不仅仅是丛林法则，适者生存，也不仅仅是你追我赶，不进则退，还因为人生之中本来就需要这么一种时刻：因为完成目标而欣喜若狂的时刻,因为触摸到梦想而泪流满面的时刻,或者仅仅因为自己的某些行为得到了反馈,而单纯满足的时刻。

就好比耕耘后粮食丰收,读书后获得知识,这不同于物质,不同于金钱或任何有形的回报,而是来自心灵的需求。

你看,所谓人生苦短,我们有时就靠这些欣喜且动容的瞬间坚持着。

其实抛开努力的附加意义,它本身就是一种人生态度的集中体现。

海面波涛汹涌,浪花下时有暗礁,但能积极地应对这一切,不扔掉手中的桨,即是强大的内心所在。

这样的人,即使没有优渥的起点,也总有一天可以抵达奇观所在之处,演绎壮丽的人生。

众生看我皆草木，
唯你视我为青山

· 1 ·

喜欢一个人的时候，那个人就有了和别人不一样的颜色，即使在灰色的汹涌人群里，也显得格外惹人注目，仿佛永不熄灭的星辰，静静地往外放射着明亮的光线。那光线将你原本平平无奇的生活点燃，于是那人不经意的动作、表情、眼神，瞬间就有了很多意义。

感情在这个阶段，应该是最朦胧也最美好的时候了。

保持着一定的距离，不远不近，看着那人在你的心上走来走去，攻城略地。那个人就好像被一束追光打着似的，一颦一笑都被镀上了光芒，好像无趣人生的救赎。

我身边有个被朋友们戏称为"三好青年"的女孩子——大钟。

跟很多人不一样，大钟不熬夜，不泡吧，三观端正，厨艺出色，拥有一份稳定的工作，爱好是画画和古筝，整个人看上去温柔又安静。

大钟脾气很好，是那种在饭局里笑着清醒到最后，照料所有朋友并送他们回家的类型。

有人感叹，怎样的家庭才能培养出大钟这样的好姑娘啊？

· 2 ·

其实大钟身处离异家庭，并没有那么幸福。但在这样的环境里，大钟并没有成长为愤世嫉俗的青年，而是相当出色地走到了现今温柔沉稳的模样。

大钟说："我最开始也是很叛逆的，总觉得自己的日子不幸，总是折腾着想要引起父母的注意，当时年轻气盛，一点儿情绪爆发出来都是惊天动地，哪有现在波澜不惊的样子。而之所以会改变，都是因为我在人生最迷茫的时候喜欢上了一个很优秀的人。"

那个大钟口中很优秀的人，其实我们几个朋友都见过。

他是住在大钟父亲家隔壁的邻居哥哥，比大钟年长七岁，相貌普通，并没有大钟形容得那样让人印象深刻。可是在年少的大钟眼里，这个擅长书法的男孩子温柔俊秀，对自己有着谁都没有的耐心，细致地教她读书学琴，教她如何去面对自己内心的不安定。

后来大钟跟邻居哥哥告白，他拒绝了大钟。

即使对大钟没有男女之情，邻居哥哥还是郑重地对待了她的心意。邻居哥哥没有因为大钟是个小孩子就轻视她,而是诚实地表述了自己内心对大钟真实的情感,希望大钟能遇见更适合她的人。

· 3 ·

我们问大钟:"被拒绝的时候是不是很难过?"

大钟笑着说:"没有,因为那个人很郑重地对待了我递出去的情意,知道我年纪小,连拒绝都是温柔又小心。不论是之前还是之后,我都很庆幸,自己没有喜欢错他。说的俗气一点儿,我真的觉得当年有没有和他在一起并不重要,能遇见他就很幸运了。"

大概每个人的人生,都曾这样喜欢过一个人。

就像徐志摩在《忘了自己》中说的那样:"一生至少该有一次,为了某个人而忘了自己,不求结果,不求同行,不求曾经拥有,甚至不求你爱我。只求在我最美的年华里,遇见你!"

如果没有遇到过这么一个人,好像生命有某种缺憾似的,难以完满。

在这个世界上,我们会遇到很多人,也会在日常生活里难以避免地产生很多情感。但是在爱情的范畴里,本来就不是每一份情感都会有回应,也不是每一份感情都会有完整的起承转合,然后有一个或美满或破碎的结局。

我们都知道世事无常的道理，但有时候，就是会有那么一点儿不甘心。

所以，在付出感情的时候，我们所求的到底是什么呢？

不过是付出的感情，能被珍重罢了。

· 4 ·

曾经有人说，喜欢一个人，像是手里拿着个手电筒照向黑暗。

你觉得那个人在被光芒照亮的世界里闪闪发亮，但那手电筒的光源，却握在你自己手里。

你对某个人产生了感情，这让他显得特殊，俗语说的"情人眼里出西施"，大抵便是此意。不是那个人有多么优秀多么遥不可及，是你用自己的深情，为他加了冕。

两情相悦，是我见青山多妩媚，料青山见我应如是。

喜欢一个人，是我见众生皆草木，唯你是青山。

而珍重别人的喜欢，是众生看我皆草木，唯你视我如青山。

如果你付出了喜爱，那么我希望你能明白，你见众生皆草木，但那座青山之所以会存在，并不是因为青山本身高不可攀，而是你将原本应该是草木的人满怀爱意地看成了青山。

而如果你有幸被某一个人喜爱，那么我也希望你能明白，那人将众生视作草木，唯独将你视为青山，并不是因为她低你一等，而是因为她爱你。

因为喜爱，所以她在你面前有了软肋，失去了铠甲。你没有责任去回应每一份得到的感情，但你至少要尊重那人将一颗心捧到你面前的赤诚，即使你不打算接过，也不要轻贱它，不要蔑视它，更不要轻易地摔碎它。

一颗心破碎后，需要多久的治疗才能恢复如初？

如果你心碎过，便应知道其中的苦楚。

祝福你，无论是喜爱，还是被人喜爱。

别在该努力的年纪，
吝啬付出

· 1 ·

前段时间我看到一个帖子，大意是"22岁大学毕业，无背景、无人脉、无专业技能、无行业经验，给自己制定了26岁之前赚取200万元的目标，请问有什么看法和建议"？

我看的时候一边笑着，一边又不由得陷入了沉思。

多年前，刚出校门的我对未来也没有什么规划，当时最大的愿望就是能有一份自己喜欢的工作。至今还记得第一次找到工作后的喜悦，以及之后每个月赚到两千块钱，都会到路边摊喝酒吃烧烤的满足感。那时候我心里的想法是：如果有个人陪着我一起，那我应该是天底下最幸福的人了吧！

可是一年以后，随着对工作越来越熟悉，我反而迷茫了。看着外面的花花世界，我也常常变得不知所措。我开始越来越想不通，为什么人跟人之间的差距竟然如此之大。为什么别人能住五星级酒店，去高档的餐厅，而我却只能计算着那点儿薪水，然后幻想着自己什么时候也能过上那样的生活。

直到后来我跟一个在写作方面很成功的前辈聊天才改变了想法,他对我说:"像你们这样二十多岁大学毕业出来拼搏,真的是件很令人羡慕的事情,而且人生的路还这么长,哪怕失败了也没什么。我现在都四十了,不也依然在创业和奋斗中吗?更何况假如你们现在功成名就了,那将来三四十岁的时候干什么呢?每天就等着吃喝玩乐享受生活吗?"

· 2 ·

说到这里,我忽然想到了高中时候的同桌,他一直都是家长们念念不忘的好学生。

每次家长会开完,爸妈总是会回家念叨一番,说他怎样怎样优秀,我一定得向他学习,以后才能考个好大学。

在我的印象中,他总是一副淡然、处变不惊的样子,脑子里写满了数理化公式,爱好学习,成绩优秀。偶尔感觉累的时候,就去学校的操场上跑几圈,回来再继续埋头学习。

可以这么说,我高中很大一部分时间里,都是听着老师和父母拿他做榜样的话来鞭策自己学习的,这种情况一直持续到高中毕业。

第一年高考的时候,很不巧他感冒发烧,严重影响了状态,发挥失常,成绩也不太理想,只是勉强得到普通一本大学的资格。这对于立志要考重点大学的他来说，是个不小的打击，于是他义无反顾地扎进了复读的队伍，准备重来一次。

第二年，他又是埋头苦学，两耳不闻窗外事，一门心思想考入理想的大学。事实上，所有人包括他自己都是有信心的，毕竟他从一开始就是老师们挂在嘴边的"别人家的孩子"，又这么努力，没道理考不出理想的成绩。

可是这一次，结果又让所有人大跌眼镜，分数依然不够理想，上重点本科的愿望再一次破灭了。

虽然周围的人都在安慰他，但难免有人在背后纷纷议论："死读书就是不行啊！""高考才是真正考验人的时候。""哎，还是综合素质欠缺啊。"

那段时间，我相信他很受煎熬。后来我听他说，整整三天他都没出房门。最后他还是想明白了，大好的青春不能就这么浪费了，就算高考成绩不理想，后面机会多的是，没必要伤春悲秋，觉得世界末日要来了。而且，父母是最担心他的人，他也不能再让父母为他操心、难过了。

于是，在高考过后两个月，他独自拎着行李箱上了大学。

· 3 ·

大学的时候，我们也会偶尔联系，互相聊一下近况。我仍然能听到他得了各种奖学金，成了校学生会主席的消息。

到了大四毕业那年，他下定决心考研，而且也为之做了很多准备。与此同时，有家不错的金融机构向他伸出了橄榄枝，父母知道后，很替他高兴，希望他能接受这份高薪的工作，早点儿进入社会，积累更多的经验。可最终无论周围的人怎么劝说，他都坚决拒绝，还是要坚持己见。

再后来，他干脆在学校旁边租了房子，专心考研。有时候，我问他最近怎么样，他总会简单地说一句："还好啊，一切都会慢慢变好的。"但是从他的声音里，我听出了他的疲惫不堪。

有时候我也会不理解他的决定，为什么宁可过这样毫不确定的生活，也不愿意工作？毕竟在别人眼中，金融行业也是一个不错的选择，发展前景也很广阔。

可是他说："这份工作虽然不错，但是我还想更好，我想接受更多的知识，变得更强大一些。就算结果未必能如愿，但是我想在自己还能奋斗的年纪里，不要轻易地选择妥协和安逸。"

· 4 ·

事实证明，幸运之神终究会降临在不断付出努力的人身上，他如愿以偿地考上了理想学校的研究生。几年后，他又收到了耶鲁大学的录取通知书，再一次成了"别人家的孩子"。

其实很多人不知道，他的自信和成绩的背后，充满了汗水和孤独。而生活之所以会给予他温暖，也是因为他经历了别人所未曾有过的磨难。

记得出国前,连他自己也感慨道:"哪儿有什么天分,不过是努力努力再努力罢了。我也有想要放弃的时刻,可现在终于能确定,自己脚下走的路是对的,方向没有错。"

的确,我们眼里看到的那些闪闪发光的人,他们都曾有过一段备受质疑又不被认可的过程,也不确定努力到底能不能改变人生。可久而久之你就会知道,生活总会呈现出它最公平的一面,每多付出一点儿努力,世界就会为你开一扇窗。

成功从来就不是天上掉下来的,我们不清楚别人抓住了多少机遇,也不知道他熬过了多少痛苦,有过多少迷茫。我们只需要理智平和地看待自己,努力工作,认真生活,相信所付出的辛苦都是一种沉淀,会随着时间帮助自己变成更好的人。

这就是努力的意义吧,我想。

我们都应该成为别人的勇气和力量

· 1 ·

朝南是个孤儿,从小跟着奶奶长大。

奶奶不能说话,自朝南有记忆起,她就总是弯着佝偻的身子,悄无声息地在田间地头忙碌,一天一天,一年一年,从未间断。

奶奶命苦,年少时貌美贤淑,是村里有名的巧手姑娘,却偏偏嫁了个赌鬼丈夫。奶奶的丈夫赌瘾很重,还酗酒,但凡赌输回家就闹事打人,是个狠心极了的人。

本来奶奶是能说话的,但长期没有期望的生活让她日渐沉默下来,慢慢地不再说话。

捡到朝南的时候,奶奶已经独自生活了很多年。

那时她不过五十余岁,却已经老得不像话,头发花白,脊背佝偻,右腿还有微微的残疾,那是当年丈夫欠下高利贷后,被追债的人打伤的。捡到朝南是个意外，但捡到后奶奶也没想过要把朝南扔给别人，只是默默地留在身边，熬着玉米糊，一点一点地喂养长大。

奶奶已经忘记了怎么说话，朝南学说话时，她走了几公里去镇上买了一把糖块儿，给村里的孩子一一发了，双手合十求着他们空闲了带着朝南玩，和朝南说话。

孩子们向来喜欢村里这个好脾气的哑巴奶奶，吃了糖块，也依诺轮流去奶奶的小屋陪朝南玩耍，教他说话。朝南长大后，村里的哥哥姐姐们才跟他提起，当年朝南叫出第一声奶奶后，那个总是笑着的哑巴奶奶是如何呆站着，热泪盈眶。

· 2 ·

但朝南有一段时间并不喜欢奶奶。

他是男孩子，生性活泼爱闹，在村里和同伴们有了争吵时，他们便会笑他，说他是野孩子，只有个哑巴奶奶，以后长大了肯定没出息。朝南自尊心强，不肯服输，偏偏在自己的身世上没得反驳，只能生一肚子闷气，回家踢踢打打的，朝奶奶撒气。

奶奶从来不跟他计较，或者说朝南也从来没看她跟谁计较过。

她脾气很好，尤其喜欢小孩子，在村里看见跑跑跳跳的幼童，即使是干着活儿，也会停下来多看一眼。哪怕是有不懂事的孩子冲奶奶做鬼脸，大声叫她老哑巴，奶奶也从不生气，只是温柔地看着他，从怀里掏一粒糖出来，笑着递过去。

朝南最讨厌奶奶这样，他从小就知道自己是孤儿，总觉得奶奶膝下只该有他一个，那些好东西也应该紧着他给，不应该随便分给旁人。

奶奶不懂朝南的心思，朝南也闹别扭不说出来。

有一次，朝南跟奶奶发脾气的时候，被村里一个伯伯看见了。他勃然大怒，把朝南拖到祠堂里，指着宗牌对他说："朝南！你不是我们村里的孩子，把你留下给你奶奶做伴，是怕她老无所依！你要是这样没良心，我现在就把你送到镇上的孤儿院去！你在你该待的地方待着，看看日子好不好过，能不能像在你奶奶身边一样，当个甩手少爷！"

朝南吓得欲哭，忽然听见祠堂外面传来一声又一声沙哑的哀鸣。

那是奶奶，哑了的奶奶。

村里有规矩，女人不能进祠堂。但一向守规矩的奶奶生怕伯伯把朝南打坏，一边用肩膀撞着关死了的门，一边绝望地哀叫着朝南的名字。

伯伯不忍心听下去，一把将朝南拎起来，带出了祠堂。

朝南被奶奶紧紧抱在怀里，她跪在祠堂门口，什么话都说不出来，只是双手合十地摩挲着，哀求伯伯不要跟朝南计较。朝南躲在奶奶怀里，听着伯伯跟奶奶说话，突然心酸得大哭起来。

3

可能有时候成长真的只是一瞬间的事情，那天后，朝南再也没有跟奶奶发过脾气。他沉默着上学放学，闲时就跟着奶奶下地干活儿，再也不跟那些嘲笑他的人玩耍。朝南就像是一棵在黑暗里扎根的竹子，突然破土而出，层层抽节，提前走进了一个新的世界。

奶奶怕他闷坏，攒钱给朝南买了新的书和玩具。

朝南不说话，留下书，偷偷到镇上把玩具退掉，买了一瓶药油，放进了奶奶的抽屉里。奶奶没有发觉，只是欣慰地看着朝南翻阅新书，眼里都是笑意。

奶奶不识字，但却喜欢书，也喜欢朝南看书。

朝南有空的时候就会给奶奶讲书上的故事，奶奶一边在灯光下涂着药油，一边听着故事直到睡着。每当这个时候，朝南就会给奶奶盖上被子，然后握着她的手腕，感受着里面跳动的脉搏，慢慢地数着次数，才能入睡。

那个时候，朝南已经意识到，他在这个世界上的亲人只剩奶奶一个。

他真的很怕奶奶会突然离开。

朝南渐渐长大，他考上了镇上最好的初中，不能每天回家了。奶奶送他去学校的时候流了泪，朝南心软得不行，抱着奶奶消瘦的脊背，柔声安慰了很久。他知道以后这样的分离会越来越多，但朝南只有成长起来，才有能力为已经老去的奶奶遮风挡雨。

后来，朝南在村里长辈的帮助下，一路读完了高中，考上了北京的大学。

· 4 ·

奶奶仍旧在村里生活，她种着地，身体依然硬朗，也学会了去伯伯家借用他的智能手机，一个星期和朝南视频一次，聊以慰藉。

朝南会和奶奶分享自己的生活，他怎么学习，怎么兼职，怎么申请助学贷款。

他知道奶奶并不能全都听懂，但朝南愿意说，奶奶也愿意听。朝南受奶奶影响很深，脾气好，心软，见不得别人露出为难的神色。

朝南的同学都说就没见过他这样的人，明明自己的条件也不好，但只要看见别人身处困境，就无论如何也会伸出援手。即使知道那些在学校外的乞讨者可能是骗子，朝南还是会每次经过他们身边时，都不由自主地掏出自己的钱包。

其实朝南知道，自己的行为在别人眼里并不聪明。

但他就是忍不住。

不为什么，就是因为他懂得。

朝南懂那种苦，他经历过。他曾被弃如敝履，也曾被视若珍宝。而那个为朝南撑起世界的人，明明也是个受尽了苦的被害者，却仍然珍惜所得，能满怀善意地对待他人。朝南从奶奶身上学到了与世界和解的方式，也找到了让自己内心安宁的办法。

在力所能及的范围内，尽可能地善待他人。

因为你不知道面前这个人，这个完整又充满笑容的人，他曾经历过怎样的痛苦、流离。他可能内心创痕遍布，而你一次不经意的善待，可能就会鼓起他再次挑战自己的决心，坚强地活下去，再与这个世界鏖战一个回合。

每个人都有需要别人伸出援手、挺身而出的时刻，而那些面对别人境遇时产生的不忍，会成为你为别人挺身而出的勇气和力量。也是因为善良与不忍心，我们才会努力着，想要成为别人的勇气和力量啊！

非常努力，
才能看起来毫不费力

· 1 ·

几个月前，我出差去了一趟上海。

因为表妹去年大学毕业后就一直在静安区工作，我便抽出了一点儿时间，和她一起吃了顿饭。

表妹瘦了很多，穿着收腰的女士西装，化着精致的淡妆，面容看上去熟悉又陌生。我们已经有一段时间没见面了，成年后彼此都有自己的工作和生活需要忙碌，除非有事，其他时候联系很少。

吃完饭后，表妹坚持要买单，我没让。

出了饭店后，表妹站在路边没走。我回头去看时，发现她站在公交站牌后面，眼眶红红地看着我说："哥，你是不是也跟我爸妈一样，觉得我在上海过得不好，觉得我特可怜，所以才不让我买单的？"

我愣了一下，才想起前段时间舅舅、舅妈跟我说过的话。

表妹是家里唯一的女儿，舅舅、舅妈都希望她毕业后能回到家乡，从事一份稳定的工作。但表妹毕业后并没有如父母所愿，而是倔强地留在了上海，进了一家中日合资的外企。

因为工作繁忙，今年过年时，表妹第一次缺席了家里的除夕宴。这件事让舅舅、舅妈的不满达到了顶峰，知道我要来上海出差后，他们二老还特地打了个电话给我，要我务必把表妹劝回家。

我知道表妹志不在此，也就没想过要干涉，没想到女孩子家心思敏感，竟然会九转十八回地想到那里去。

· 2 ·

那天，我和表妹一起在上海的街头逗留了很久。

她跟我聊起自己留在上海后发生的事情，父母的压力，工作的不顺，永远都跟不上消费速度的工资……表妹的困惑和苦恼像当下很多年轻人一样，看着光鲜亮丽，心里却是已经一溃千里的绝望和迷茫。

表妹从小到大都属于特别优秀的那一群人，没怎么跌过跟头，所以一旦泯然众人就有种失控的恐慌感。

其实严格说起来，表妹就是习惯了那种被捧在手心的感觉。

她跟很多刚从象牙塔里出来的学生一样，觉得但凡什么东西，应该只有她不想要的，而没有她拿不到的。但成年人，尤其是真正在社会上打拼过的成年人，都非常清楚地知道一点：有些东西，是你即使用千万倍的努力去交换，也很难得到的。

你必须承认这一点，才能放平心态，摆正自己的起点。天不从人愿，事不从你心，这是每天都在发生的事情。而且这种事情不只发生在你身上，也同样发生在每一个人身上。

大家都是凡人，大多数人都只能靠自己的努力，才能在城市里勉强立足。那么别人看起来毫不费力的生活后面，也是日日夜夜的努力和付出，只是你没有看见而已。

在表妹眼里，我算是那个被羡慕着的"别人家的孩子"，做着自己喜欢并热爱的工作，家庭幸福，小有资产，已经出版了几本自己写的书，日子过得顺遂又随心。

我只是苦笑，说不出话来。

这个世界上谁是真的活得容易呢？我们归根结底都只是普通人而已，看起来毫不费力的生活下，究竟有着多少不为人知的努力和痛苦，大概只有自己才能明了。

· 3 ·

后来，我跟表妹说起自己毕业后工作的点滴。

实习期拿着不到一千块钱的工资，却做着正式职工两倍的工作量；租房交不起房租，被房东半夜赶出去，只能拖着行李去住五十块钱一晚的家庭旅馆；正式工作后，因为失误，被连续扣了十二个月的部分工资偿还单位损失……最落魄的时候，我连自己的餐费都付不起，只能开口向父母求助。

没有背景，没有人脉的外来客想在城市里站稳脚跟，本来就不是那么简单的。本来就是一叶没有根系的浮萍，只有拼命努力，才能把自己的根系扎进土地里，除此之外，别无他法。

后来，我慢慢沉淀下来，找到了一份工作，从底层做起，再苦再累也只是咬着牙忍耐，从来不敢去抱怨什么。

当然也会有情绪崩溃的时候，也会有绝望看不见未来的时候，可那些时刻，那些不能为外人道的痛苦，终归还是要自己去忍受，于是我学着安慰自己。所谓倾诉也许能让自己感觉好一点儿，却永远没办法真正解决问题。

这个世界上是没有感同身受的。

没有人有义务承担你的情绪，接受你的负能量，即使是最亲密的家人。我们所有的不顺利，所有的意难平，终究还是要靠自己消化，自己排解。

成年人的生活里，没有"容易"二字。

小说里一路开挂的主角终究只是作者的想法，生活里，大家谁不是忍耐着情绪，勉强着自己摸爬滚打受尽委屈？

一直努力的不只你一个，受着委屈的也不只你一个，不容易的更不只你一个。那些你看似轻松的生活后面，其实都有着你想不到的苦。

大家都有自己的艰难，除了拼命努力，还能怎么样呢？

· 4 ·

美剧《破产姐妹》的女主角之一曾经说过这样一句话："You can't keep freaking out, because you're not where you want to be, on vacation or in our business. I mean, it's life. Lower your expectations."

这句话是什么意思呢？我最喜欢的译文是：你不能总是动不动就崩溃，就因为天不从人愿，事不从你心。生活就是如此，别总期望太高。

小说只是小说，偶像剧只是偶像剧，里面的一切设定都是为了剧情服务。

这个世界上奇迹是存在的，但只是少数。

你可以期待奇迹，却不能把所有时间浪费在等待奇迹这件事情上。就像微博上的转发抽奖，你可以尽情参与，放手一试，却不能把期望都寄托在小概率事件上。

生活里，不如意之事十有八九，不要忙着去羡慕别人"看起来"轻松的生活。别人的生活再轻松，都不是你的生活。你只有努力地去改变自己，让自己积累更多的资本，才能让自己也活得稍稍轻松一点儿。

也许有一天，也会有人用羡慕的眼神看着你，觉得你从容不迫，觉得你的生活阳光灿烂，没有丝毫阴霾。

要努力，要坚持着继续努力啊！

你必须非常努力，才能看起来毫不费力。

别把你昂贵的青春，
浪费在廉价的熬夜上

· 1 ·

大湖又一次上班迟到了。

她在我们几个好朋友共有的微信群里嘟囔地抱怨着当天的交通、天气，还有自己那糟糕到爆炸的运气……话到终了，大湖幽幽地说道："我发誓，从今天开始，我再也不熬夜了。"

我忍不住在下面回复："你还是不要定目标了吧！"

大湖信誓旦旦，但第二天早上，我再一次看见了她在凌晨发的微信朋友圈："每天晚上睡不着，早上起不来，要怎么办啊我的天！"

睡不够，就起不来，每天早晨肉体都在拉扯着灵魂，只能勉强打起精神，挣扎着面对工作与生活。

等到终于从繁重的工作与复杂的人际关系中挣脱出来，能得到一点儿属于自己的时间时，就会忍不住将这短暂的时间尽量延长，这是一种难言的诱惑。尤其是对当代的年轻人而言，每天工作后那段可以安静独处的时间，尤为珍贵。

只有在这一段时间里，你可以不用在意工作上的成功与失败，不用焦虑同事的某个似乎别有深意的眼神和动作背后代表了怎样的深意，更不用深想这种单调人生的意义。

你可以用这段时间充实自己，也可以待在自己的小窝里看剧，哪怕这个小窝的产权不属于你，哪怕你身处的只是个简单至极的陋室，都可以让你觉得自在又安宁。你还可以跟着朋友一起吃吃喝喝，谈天论地，宣泄自己在工作中累积的不快。

哪怕什么都不做，只是这么一个人待着，都会觉得愉快。

· 2 ·

我也有一段时间总熬夜。

那时候我刚从学校毕业，一边尝试着融入社会，一边利用业余时间看书写稿。虽然暂时没有遇到什么坎坷，却总是觉得时间不够用。

做学生的时候不懂成年人的疲惫，每天八个小时的固定上班时间后，其实已经剩不下什么精力了。虽然工作不一定忙，工作内容和强度也不一定承受不住，但就像网友说的那样：工作不会让你疲惫，疲惫的是在工作里平衡自己的情绪。

时代的变迁和经济结构的变化在很大程度上改变了工作的形

式，如今，在格子间里的电脑上办公的职员和工厂里的纺织女工几乎没有差别。

年少时总觉得自己是被生活选中的那一个，是特别的，但残酷的事实终于证明，你不过也是人海中很平凡和普通的那一个。

骤然从象牙塔里步入社会，一开始的我并不习惯。别人面对不习惯可能是放纵自己逃避现实，但我的对策却只有在键盘上敲打文章。仿佛只有把自己的心声一个字节一个字节地敲进电脑里，变成一个又一个四四方方的中文字，我才能得以解脱。

于是那段时间，我常常会在深夜写文章。

在安静的深夜里，潜伏在日常的情绪格外清晰，也让我更容易表露自己。

不熬夜还好，开始熬夜后便成了习惯。后来就发展成即使在深夜必须要完成一些不得不去做的工作，我也会有一种特殊的快感。后来我也思考过为什么，最终我想，大概是只有这个时候，我才是完全独立思考的自己，不被打扰、不被影响、真真实实的自己。

· 3 ·

熬夜这件事，把我的生活拖进了泥沼。

就像大湖那样，我总是熬夜到凌晨，然后又在第二天的工作日照常早起，享受着仿佛向生活多偷了几个小时的愉悦感，产生了一种生命仿佛因此延长的错觉。

但这种错觉带来的后果也是直观的，早起对我来说渐渐成了一种折磨，每天早上闹铃响起的那一刻，于我而言，仿佛一种恶魔的啸叫，催促着我去面对一个我不想面对的白天。

身体的疲惫让我难以迅速进入工作状态，总是昏昏欲睡，总是没有精力，眼睛下面也挂起了两个大大的黑眼圈，看起来憔悴至极。而下班后，我拖着心力交瘁的身体回到家中，短暂休息后接着写稿，而后不知不觉又熬夜到了凌晨。

然后便是日复一日，恶性循环。

熬夜这种习惯，一旦形成，便会摧毁你的身体，你的精神，让你不知不觉地泥潭深陷，看不见甜蜜后面藏着的危机与苦涩。或者说即使你看见了，也只是在一边担心焦虑，一边又不可避免地继续熬夜的生活，清醒地堕落与放纵。

为什么呢？不是因为你的意志不够坚定，而是因为你不会马上得到熬夜的恶果。

而人都是善于欺骗自己的。

· 4 ·

某综艺节目的嘉宾说："能使我们产生快感的不是熬夜这件事，而是熬夜给人带来的假象。"

什么假象？一天比别人多了几个小时的假象。

熬夜是一种错位的补偿意识，你不眠不休，想用熬夜的那段时间来补偿自己在白天失去的自由和快乐，却在不知不觉中失去了更多。而熬夜摧毁的又何止是你白天上班的精神？它会迷惑你，会让你成瘾，会让你慢慢地放松对自己的要求，变得越来越"宠溺"自己。

有人说，有人穷久了突然富起来，就会跟《西虹市首富》里的王多鱼一样报复性消费。我们也是如此，白天被占用的时间多了，晚上就会报复性熬夜。

这就是成年人熬夜的本质。

其实你看到这里，大概就会明白，熬夜的原因无外乎是无法面对今天就要过去的恐慌，又无法接受明天即将到来的恐惧。而因为长时间的熬夜大病过一场的我觉得，成年人熬夜的快感和本质，其实都是在自我报复而已。

长时间熬夜对身体和精神造成的隐患，就像一颗定时炸弹埋在你的身体里。你每一次熬夜，都是这颗炸弹引线上溅落的一点火星，谁都说不清楚，哪一粒火星会准确无误地降落到引线与炸弹的相交点。而如果这颗炸弹真的被引爆，你能面对最终的后果吗？

你觉得自己多偷了那几个小时就是赢了吗？

不是，命运在赐予你所有礼物时，早已在暗中标注好价格。而你应该想清楚的就是，你愿不愿意用自己健康的身体，去交换熬夜后多出来的那几个小时？

人生就像是一场马拉松，越到最后，拼的不是所谓的财富名利，而是一具健康的躯体。假象虽然美好，但那只是假象而已，只有清楚地意识到假象的存在，不再为短暂而虚幻的自由所迷惑，你才能真正学会生活的规则，与自己和解。

你的青春很昂贵，别再把它浪费在廉价的熬夜上了。

辑二 | PART 02

爱情里，希望我们贪图的都是快乐

人的安全感不是源于爱，
而是偏爱

· 1 ·

其实人的安全感，不是源于爱，而是偏爱。

人只有确定自己是那个例外，且总是那个例外的时候，才能心安。

几年前，我在青岛工作过一段时间，认识了一个女孩子，叫呦呦。

那个时候，呦呦刚过完24岁的生日，放弃白领身份，跟着喜欢的人来到一个陌生的城市生活，满腔孤勇，像一只不知世事却坚持要南飞的鸟。

呦呦喜欢的人叫瓶子，性格很温柔，看上去就知道是个细腻的人。

我们熟了之后，呦呦问我："你觉得瓶子喜欢我吗？是不是很喜欢很喜欢？你觉得他爱我吗？"

我愣了一下说:"爱吧。"

呦呦把鼻子皱起来说:"爱就是爱,你为什么要加一个'吧'字?果然,就连你也不确定瓶子是不是真的爱我,对不对?毕竟他对所有人都一样好。"

· 2 ·

呦呦的悲伤大概就在这里,她爱的人对她很好,可她爱的人又对所有人都一样好。

她有点儿难过地跟我说:"那我和别人又有什么差别呢?"

那一瞬间我突然明白了这个看起来张牙舞爪的女孩子究竟有着怎样酸涩的心事,但是短暂的失态后,呦呦又跟平常一样撒着欢闹起来,看着全无异样。

而瓶子正笑着教几个女性住客插花,那模样果真和对待呦呦并无差别。

我一直觉得,人的安全感,从来不是源于爱。

爱当然会给人带来安全感,但如果这种爱人手一份,哪里还能表现出特殊呢?

《红楼梦》里的黛玉就是这样,与宝玉在一处,总爱折腾些事情来试探宝玉。后世的人看她,不懂的人难免会评一句矫揉造作,不是个能长久过日子的人。其实放到现在来看,黛玉也不过是个在情感里患得患失的小姑娘。

宝玉是谁？钟灵毓秀，含玉而诞，生了一张比蜜糖还甜的嘴，从小在女儿堆里长大，大观园里哪个女孩儿不喜欢跟他玩在一处？

宝玉也从不避嫌，大大方方地对每个女孩子都好。

他爱美，也惜美，这不能说不好，却必然不能让黛玉安心。

看到这里的女孩子请扪心自问一句，如果你的男朋友像宝玉那样英俊帅气，赌咒发誓什么都能说得出口，在女孩儿堆里左右逢源……

我就问你一句，你能放心吗？

如果他对所有人都一样好，你又怎知你是例外？

你是否能忍得住不去试探他对你的容忍，不去对比自己是否和旁人不同？

· 3 ·

感情里谁都有占有欲，所谓因爱生忧，因爱生怖，因爱生妒，并不是完全没有依据的。爱情里，从来只有偏爱，才是爱的证明。

因为是你，我才能忍别人不能忍，受别人不能受。

女孩子在感情里，要的不就是那独一份的好吗？如果你对她好的同时也对别人一样好，那你怎么才能向你喜欢的人证明，她是特别的，而你又是爱她的呢？

恋爱里女孩子提起自己没有安全感的时候，常常被男生认为是无理取闹。

男生们常常会说："安全感是自己给的，如果你总是觉得没有安全感，我也没办法。"

没办法？真的没办法吗？

那为什么女孩子会没有安全感呢？

是你号称自己加班很忙，却出现在游戏的在线列表，还是你对她冷淡寡言，却从不缺席每一个异性朋友社交动态的点赞与评论？

你从来没有反思过自己，只是一味地指责对方。

你让你的女孩儿怎么能有安全感？

如果女孩子完全不在意你在感情里的不专心，那她真的爱你吗？

· 4 ·

后来有一天，呦呦跟瓶子分手了，回到了故乡。

起因是一个女孩子拿着瓶子的手机给呦呦发了一张自己深夜和瓶子在一起的合照，即使后来瓶子说清楚只是女孩子的房间电路失灵，但呦呦还是坚决地跟他分了手。

呦呦离开的时候，瓶子问她为什么。

呦呦说："我累了。"

与其没有安全感也依旧在一起，不如快刀斩乱麻，开始人生新的篇章。

其实我们大部分人，都是没有安全感的人。

在这世间活着，我们都在寻找能让自己获得安全感的东西。

有的人的安全感源于金钱，有的人的安全感源于自己安身立命的技能，有的人的安全感则源于被自己喜欢的人理直气壮的偏爱。

你喜欢她吗？是那种特别偏爱的喜欢吗？

如果不是，请你放开她。

如果是，请你抱住她，她其实很好很好，绝不会让你失望。

在爱情里，
有些话越欲言又止，越动听

· 1 ·

一直以来，我就不是个很会说话的人。

我这样评价自己的时候，常常会有人觉得诧异："不会啊，你的文字写得很好，生活里应该也是那种出口成章的人吧，怎么可能不会说话呢？"

每当这样的对话发生时，我都有点儿无奈。

说话是一种表达方式，但表达的范围里，却不只有说话这一种方式存在。

不知道是幸运还是不幸，我擅长的是不与人直面交流的那种方式。

也许有人有与我相同的经历，嘴笨，尤其不擅吵架，有时候跟别人着急或者生气都格外吃亏，常常被对方几句话堵得哑口无言，即使自己是占理的那一方。

等架吵完了，晚上躺在床上的时候才后悔自己当时怎么没有这样或那样反驳。

但这个时候已经来不及了，只能自己生闷气。

还好，因我尽量避免和别人产生冲突，久而久之，竟落下个脾气好的名声。

只有亲近的人才知道，我实在是个别扭又不怎么会表达自己感情的人，有时候明明也想说一句"谢谢"，想说一句"爱你"，想说一句"可不可以不要走"。

我曾经对朋友说，自己生长在一个父母吝惜称赞和表达爱意的家庭。

但久而久之，我也被潜移默化，成了一个说不出称赞和爱意的人，只能寄希望于对方与我有相同的默契，能理解我欲言又止后的表达。

· 2 ·

塞林格说："有人觉得爱是性，是婚姻，是凌晨六点的吻和一堆孩子……但你知道我怎么想吗？我觉得爱是想要触碰却又收回手。"

我想，在感情里很多时候那些说不出口的话语，就像想要触碰却又收回的手，因为在意，因为羞怯，因为珍惜才会这样。

我偶尔也会想，到目前为止的人生里，在不会说话这一点上，我算不算失败。

但更多时候我还是觉得，沉默是一种美德。

因为很多动人的话语，往往越欲言又止，越好听。

我很喜欢的日本作家夏目漱石，曾经将"I love you"翻译成"今晚月色真美"。其实刚开始的时候，我并不能完全领会那种心情，只觉得有点儿似是而非的触动。

直到有一天，我去国外的一个陌生的城市旅行。

吃完饭从酒店出来的时候，外面下起了雪，我和一起旅行的同伴们笑笑闹闹地在街上走，然后突然看到了一棵长得十分怪异的巨大榕树。

大家惊叹了一会儿也就过去了，并没有放在心上。只有我掏出手机，在远远的地方把整棵大榕树拍下来，然后找出某个微信对话框把照片发过去，眼含笑意地脱了手套打字过去说："你看，这棵榕树长得好奇怪。"

要关掉屏幕的时候我不经意间看到了上一条消息，也是我发的，是之前吃饭时拍的窗外雪景。后面跟着一条消息，只有三个字："下雪了。"

我把在雪天掉电很快的手机揣回衣袋，若有所思地想了想，突然明白了夏目漱石口中那种我不曾体会过的心情：今晚月色真美。

说出来的是美丽的月色，是寒冬落下来的雪，是街边一棵奇形怪状的树。但没说出来的，却是后面那一句"我很想你"，以及"我爱你"。

成年人总是避免去依赖别人,他们身上鲜明的爱恨都已经被生活磨灭了。对于心里那些无法轻易说出口的温柔爱意,一句"今晚月色真美",已经是最淋漓尽致的表达。

而悲伤的是,那克制的表达,只有想懂的人,才会懂。

· 3 ·

有人说真实的心动是野生的、蹩脚的,像热油烧蛋,一鼓作气,混乱中滋啦滋啦地发射着爱慕信号。

这种说法不无道理,但我觉得,那是尚还年少。

很久以前有个问题引起了广泛的讨论:回忆上一次被异性撩得小鹿乱撞是什么时候?

下面有小姑娘大大咧咧地回了一句:"第一次恋爱,心里住了梅花鹿,连看他一眼都小鹿乱撞……后来?后来这头小鹿撞死了,现在的我只想发财。"

说起来让人唏嘘不已,但好像真的是这样。

我少年时也曾热烈地爱慕过别人,我懂那种小鹿乱撞的心情,也知道现在越来越没办法轻易喜欢上某个人的自己,曾经度过怎样辗转难眠的夜晚。最后混乱中平定了的那颗心,已经学会不再期待。

那种如同热油烧蛋,滋啦滋啦的热烈爱慕,再也无法在成年的我身上重演。

纷繁忙乱的世界里，好不容易才维持好平衡的生活，经不起爱情里再一次伤筋动骨。

于是我们越来越沉默，越来越吝啬表达，越来越害怕先把自己的心交付出去，因为满是旧伤的自己，已经没办法像年轻时那样，敢义无反顾地用自己的全部去赌。

面对爱情，我们学会了趋利避害。

但爱情是藏不住的，那些克制不住的分享，那些无关紧要却想让你一同看见的景色，那些欲言又止的话，那些伸出手又犹豫着缩回的动作……都是爱一个人的痕迹。

那些涌到唇齿间又咽下的话为什么动人？

因为你是那个即使我受了很多伤，吃了很多次教训，都忍不住想将一颗真心再次交付出去的人。我没办法再像热血少年一样直接地示好，热烈地告白，甚至我会困惑，会忐忑，会计较得失，会怕这一次是自己想太多……

但再次鲜明起来的心跳，骗得了任何人，却骗不了自己。

那一句"今晚月色真美"，是慨叹，也是试探。

后面那些我没有说出来的话，需要你去探究、去了解。

如果你明白，如果你愿意接住我的心，那么你要知道，我的犹豫，我的情意，以及我藏在那些琐事后面的小小细节，都是我的真心，我在期待着你的回应。

4

陈奕迅唱过一首歌，歌名叫《不要说话》。歌里唱道：爱一个人是不是应该有默契/我以为你懂得每当我看着你/我藏起来的秘密/在每一天清晨里/暖成咖啡/安静地拿给你/愿意，用一支黑色的铅笔/画一出沉默舞台剧/灯光再亮也抱住你/愿意，在角落唱沙哑的歌/再大声也都是给你/请用心听，不要说话。

无论外来的思潮如何冲击，中国人总是倾向那种再含蓄不过的表达。

我们都坚信行动大于语言，于是语言被放在行动后面越发退化，等到想到表达的时候，已经没有了勇气，也不知道该如何去形容自己的情意，才能让对方充分地理解。

有时候我钦佩那些敢于表达的人，有时候我也希望能看懂那些欲言又止的人多一点儿。

看起来有点儿矛盾，却又如此真实。

有时候这个世界太吵，容不得一个内向的人存在。

一些人的木讷，一些人的不解风情，一些人小小的畏惧和手足无措……好像都是异类。在这个很多人好为人师的阶段，沉默和含蓄好像成了贬义词，谁都不想沾上边。

可是，不是声嘶力竭才是爱情啊！

一个人的温柔和情意，怎么会只能通过语言表达呢？

如果某人说爱你，却不肯包容你，不肯保护你，不肯心疼你，那即使那个人爱的口号叫得再大声，也不是爱情。认为做了点儿皮毛就可称之为爱的人，给你的不是爱，是耽误。

那些关怀，那些细节，那些欲言又止，希望你懂。

遇见幸福，
发现更好的自己

· 1 ·

刷微信朋友圈的时候看到这么一条："七夕送女朋友什么礼物比较好，200块钱以内。"

结果下面有人评论："不如送她一个自由。"

刚开始看到这条消息的时候，只是当个笑话便一笑而过。可是后来，我的微信朋友圈里连续被各国的代购们刷屏，这些我不禁想到那个被我当成笑话的评论。

难道物质上的满足真的能代表爱的程度吗？

由此我突然想起来有一年七夕，我爸给我妈买了一大束玫瑰花，开开心心地抱回家里，以为我妈肯定会很高兴。

没想到我妈居然生气了——花那么多钱买这种几天就会蔫掉的东西，浪费！

于是我爸只好跑回店里换了一盆假的马蹄兰，很好看，在家里一摆就是好几年。

之前我一直觉得我妈没有情调,不懂浪漫。有时候甚至会想,像父母那样年龄的人,他们懂什么是爱情吗?可现在我终于明白,爱情总要归于平淡才能细水长流,真正的感情也远非物质可以衡量的。

· 2 ·

好朋友有个前男友,是一次聚会认识的朋友,聊得挺投缘,于是互加了微信。在那之后的几天两人一直微信聊天,后来男生殷勤备至,她也就顺水推舟地同意了。

在一起不久后,朋友因为工作原因,需要调到外地大概一年时间。

接下来的时间,两个人就只能异地。

起初两个人还天天抱着手机,只要一有时间就发微信、打电话,时不时地还送点儿礼物提供惊喜。他们从身家背景到食物偏好再到当天穿的袜子颜色,事无巨细地想把对方的生活都纳入自己的生活中。

就这样异地几个月后,男方渐渐没了最初的激情,也不愿再花费心思。

那天正好是情人节。

像朋友这样,前面二十几年都没有机会撒狗粮的人,肯定很想秀一次恩爱啊！然而男朋友却说："秀恩爱，死得快。我想低调一点儿。"

可是面对一段感情如果不想光明正大地公之于众，那这段感情未免也太过脆弱，又如何敢相信它能维系到最后呢？

抛却不可抗力，所有没有任何负担却不想公开的恋情都是一盘沙！都不用吹，走两步就散了。

所以没熬过一年的异地时间，他们就分手了。

至于最后的分手理由，就是那个万能的"我们可能不合适"。

我们还没好好相处，无法发现我们的"合适"。

我们还没好好相处，无法磨合所谓的"不适"。

我们还没好好相处，对彼此的喜欢还不够，最后也只能遗憾地表示"再见吧，我们不合适"。

感情来得太快，都还没有沉淀，又怎么承受得住异地的猜疑与思量？

很轻易地开始，一开始就注定了轻易的结局吧！

一开始的好感是真的。

后来的热情变淡也是真的。

可只有好感，是撑不起一段感情的啊！

3

一位读者给我讲过这样一个故事。

他的舅妈在小县城长大，父亲做小本生意，从小家里就有辆桑塔纳，上学的时候都是车来车去，家境优渥，有些大小姐脾气。

舅妈年轻时喜欢上了班里一个同学，但家里人嫌弃小伙子家境不好，坚决不同意。舅妈反抗过，哪知家里人铁了心让他们分手，于是舅妈只好妥协了。

没多久，舅妈通过相亲嫁给了舅舅。舅妈经常冲着舅舅发火。

舅舅脾气好，对她的胡闹都一笑置之，默默收拾家里，默默观察舅妈的喜怒哀乐。

舅舅总怕舅妈气坏身子，每天饭桌上都有新花样，家里天天放着鲜花。舅舅上班早，怕舅妈不吃早饭，每天坚持在冰箱上贴爱心便签，上面全是用餐指南和早安问候语。

面对这样一个没有脾气的男人，还容忍她的小脾气，舅妈也没辙，脾气发出去不反弹回来，时间久了也没意思。无论怎么刁难舅舅，舅舅总是包容着舅妈，骂舅舅是木头，舅舅就扮演木头人，舅妈忍不住笑了，说舅舅傻。

舅舅说，傻了也愿意。

读者有一次偷偷地问舅妈："还对没有嫁的那个人耿耿于怀吗？要是有机会重新选择，你会坚持不妥协吗？"

舅妈只是笑了笑，然后说："错的时间遇上了对的人，恰恰这个人又对我很好，人该感恩的。余生很短，能够细水长流，不离不弃不容易。"

· 4 ·

浅喜似苍狗,深情如长风。

你说,阳光和你都在,这才是你想要的爱情。

愿每个人的七夕都有一份简单的美好,遇见幸福,发现更好的自己。

找个愿意为你下厨的人

1

是谁来自山川湖海,却囿于昼夜、厨房与爱。

昼夜、厨房与爱是三样至奇至妙之物。昼夜,即时间,囊括了宇宙洪荒,包罗万象,对于人类而言有着不可知的致命吸引力。

厨房,即俗世,人间冷暖,七情六欲,生而为人往往沉迷其中不可自拔。

爱,是最神圣的字眼,无须多言。

前段时间我跟大学同学聚会,见到阔别许久的老曹,差点儿没认出来。

他比以前壮了不少,瘦削的脸部线条圆润了很多,四肢都有了结实的肌肉,整个人看上去匀称又健康。

相对于部分"胖若两人"的同学,老曹身上的变化格外积极向上,要不是那口东北普通话倔强依然,我还真不敢贸然上前跟他打招呼。

久别重逢，老曹也很开心，笑着跟我勾肩搭背，很快就聊到一起去。

席间，我忍不住调侃他："曾经的竹竿小王子怎么吃胖了这么多，难不成是杭州的水土格外养人？"

老曹当然不胖，只是以前在学校的时候，他是班里最瘦的男生，一米八几的身高只有将近一百二十斤的体重，纤细到让女孩子都不敢随便走到他身边，生怕被老曹反衬成虎背熊腰的壮汉。

不知道是不是这个原因，老曹大学四年都没有谈过恋爱。

我以为他现在也还单身，却见老曹挠了挠头，笑着说："不是杭州养人，是我结婚了，老婆养得好。"

我一愣，问道："你结婚了？什么时候的事？"

老曹笑着说："结婚一年多了，两个人都不喜欢烦琐的婚礼，所以领证之后没办酒席，也没惊动双方的朋友同事，只是出国玩了一圈，算作蜜月。"旁边的同学听到我们聊天的内容，直呼老曹不够义气，撺掇着要他罚酒。

老曹连连摆手，说"酒不能多喝，老婆要打电话查岗的。"

大家调侃老曹惧内，老曹只是笑，眼角眉梢里全是幸福。

· 2 ·

老曹以前是个什么人呢？典型的北方人，虽然长得眉清目秀，但喝起酒来，那霸气的样子连班里最嚣张爱闹的人都得退避三舍。

平时呢，老曹能叫外卖叫外卖，不能叫外卖就在宿舍里囤各种零食，是男生宿舍楼里远近驰名的移动小卖部。

就是这样一个连煮蛋都不知道该先放水还是先放蛋的人，为了照顾爱人，不仅学会了煮蛋，还学会了下厨，中式西式轮着来，手机里的照片都是自己精心制作的美食，满满的都是一个人对另一个人的用心。

我看得羡慕，长叹一声："说这就是爱情的力量啊！"

老曹老脸通红："也是没办法啊，媳妇儿是个医生，一边工作一边读着研究生，日常忙起工作来晨昏颠倒，恨不得生出三头六臂，饮食也不规律，生生累出了胃病。

他们在杭州都算客居，没有父母长辈在身边，吃食大多都靠外卖。

但长期吃外卖总归不是个办法，相对清闲的老曹就在家跟母亲请教厨艺，置齐家当琢磨起了下厨，最后还真被他一点点磨出了技艺。

从开始煎到发焦的炒蛋意面，到最后精细到了极点的佛跳墙，老曹成功地把自己逼成了中西合璧的民间大厨，在厨房里找到了自己的新爱好。

柴米油盐酱醋茶，再平凡的生活只要尽心，都有好滋味。

只看你愿不愿意去学，愿不愿意去做罢了。

我一直觉得，两个人互相照顾，是这段感情很重要的基础。

随着年岁渐大，我们终有一天会离开父母，独自在外生活，学着打点生活里大大小小的事情，大到理财住房，小到清扫做饭……每一个细节，都是我们与父母同住时不必操心的事情。

直到有一天手足无措的时候，我们才会意识到父母默默承担了多少生活的压力。

我们都曾是桀骜少年，可我们最后都会被生活打磨成大人，明白成人世界的宏大与渺小，无奈与妥协，在种种情感与责任的束缚中，泯然众人。

而后来的我们，向往的爱情也不再惊天动地，细水长流就已经很好。

形单影只的生活里，遇到一个让你的世界重新焕发光彩的人，对方让你心动，让你沉迷，让你希望与之携手共度余生，甚至希望余生尽快开始。

爱能让人放弃狂傲与戎马，甘愿为那人洗手做羹汤。

曾经我们尚是少年，双脚好像飘在天空，摇摇荡荡，不知何处落脚，可有一天，你遇见那个心爱的人，你开始渴望一个家，开始希望下班回家时门内有一盏灯开着，有一个人等着，有一杯热热的茶，有一碗暖暖的饭。

那个时候你才明白，有一个人陪着、等着、牵挂着，是怎样的美好。

朴树多年前唱着《生如夏花》，多年后唱着《平凡之路》。只有平凡，才是唯一的答案。

这万千世界里，很多人都不曾求过大富大贵，平凡如我们，所求不过与人相伴，黄昏时问一句粥可温罢了。

· 4 ·

你在感情里照顾过一个人吗？或者说，你曾被人照顾过吗？

你知道做出一餐饭需要准备什么，过程有多烦琐吗？你知道居所不会自己光洁如新，厕纸不会自动换新吗？你知道操心着家里的水电开销，需要怎样精打细算吗？

如果你照顾过谁，你会知道。

如果你有幸被谁照顾，我希望你知道。

我曾照顾过别人。为了某个人下厨的时候，买菜洗菜切菜炒菜，一边炒着菜，一边分心顾着炉子上煲的汤，还得抽空把桌子擦干净，把碗筷冲洗擦干摆放到桌子上……吃完饭后，收拾残局，分好垃圾，洗碗沥干，最后把弄脏的灶台一一擦洗干净。

我也曾被照顾过。工作到很晚回到家里，远远就看见家里点着灯，开门后宠物扑到脚边，那个人在厨房忙碌，整洁的桌面上摆放着热腾腾的饭菜，坐下就能填饱饥寒的胃。

后来，我庆幸自己照顾过别人，知道照顾一个人的辛苦；我也庆幸被别人照顾过，知道被人爱着的感觉，也从不认为那个人付出的一切都是理所应当的。试过才知辛苦，因为懂得，所以慈悲。

如果你照顾着一个人，希望你不要觉得自己做的是没有意义的事情；如果你被照顾着，也希望你不要认为那个人的付出理所当然。

因为愿意替你承担这些细枝末节，也需要很多勇气和很多心血。而这些勇气和心血的来源，归根结底，都是因为爱啊！

因为爱，所以不在意外在的条件……这漫长的人生，对方已经做好所有准备陪你共度了，你怎么忍心辜负呢？

那些相信爱的人，在海浪里浮浮沉沉，最后总会选择上岸。

我们终究有一天还是需要好好地踩在地上，脚踏实地地生活，那个愿意为了你付出，那个懂得你付出了多少并愿意珍惜的人，才是幸福的堡垒，是你该靠岸的地方。

你、我，以及这个世界上的很多人，我们来自五湖四海，终有一天会为了某个人囿于昼夜、厨房与爱。

如果有一天你遇到这样的人，如果有一天你被这样的人找到，祝福你，珍惜对方，永远幸福吧！

好的感情，会彼此成就

· 1 ·

同学范范打电话给我，说她要结婚了，邀请我参加她的婚礼，我欣然应允。婚礼当天，范范笑靥如花，周身散发着柔和的光芒。

在范范说下"我愿意"的那一刻，坐在我旁边的小艾不住地拍手叫好，已然热泪盈眶。

小艾是范范的闺密，也算是范范爱情的见证人。

小艾说："我们时常开玩笑要做大龄剩女，一起相伴到老。今天她出嫁了，大龄剩女只剩下我了，看着她现在的模样，连我这种一直不相信爱情的人，都开始期待爱情了。"

范范现在身材苗条，凹凸有致，妆容精致，也算是气质类美女。长时间未见面，我有些惊讶她像是换了个人一样。

之所以这么说，是因为范范以前是个胖女孩，每次相处我都能感受到她有着些许的自卑感，我惊叹于范范如此巨大的变化，亦不解。

在交谈中，小艾回答了我的困惑："还不是爱情的魔力，以前我们总嚷嚷着减肥，最后还是该吃吃该喝喝，她现在的模样可是我们梦寐以求的理想型，谁也没想到理想有变成现实的一天。"

原来范范的老公和范范约定，每个人写下一个最想实现的愿望，然后互相监督，共同努力，两个人都达到目标，就结婚。

范范选择减肥，范范的老公选择通过注册会计师考试。两人定下这一目标的时候，相视而笑——结婚都是有条件的了，会不会太苛刻了？如果真的没有完成呢，就不结了吗？

范范的老公说："和你结婚是必然的，不需要任何的条件。但我们的婚姻需要两个人共同经营，我想为我们以后的生活奋斗，如果没有完成，我也一定娶你，但我希望我娶你的那一天，是我做足了准备，是最好的我站在你面前，决心去迎接美好的未来的时候。你愿意朝着我的方向前进一步，我亦不会退缩。一起努力，一起进步，一起变成更好的自己。"

两人计划三年完成的目标，提前了一年。终于在今年，携手走进了婚姻的殿堂。

· 2 ·

我赠他们二人祝词："结同心尽了今生，琴瑟和谐，鸾凤和鸣。"取自徐琰的《青楼十咏》。

"琴瑟和谐,鸾凤和鸣"是爱情最好的模样,是我们毕生之追求。

钱锺书和杨绛的爱情,便是如此。

胡河清曾赞叹:"钱锺书、杨绛伉俪,可说是当代文学中的一双名剑。钱锺书如英气流动之雄剑,常常出匣自鸣,语惊天下;杨绛则如青光含藏之雌剑,大智若愚,不显刀刃。"

两人在文学上各有造诣,比肩而立,是天造地设的一对。

钱锺书与杨绛曾开展读书比赛,比谁读的书多。

钱锺书与杨绛曾约定,出版的作品由对方来题签。

两人共同阅读,共同进步,彼此成就,彼此的生命里都有对方留下的痕迹。

于是,有了《我们仨》。

诚然,如此情怀相似、志趣相投之人相爱,是人生一大幸事,所以他们成为世人心中爱情之楷模。

我们都是平凡之人,不求成为完美典范,只求与比肩之人有共同前进的方向,成为更好的自己。

我们终会携手,一起书写属于我们自己的故事。

· 3 ·

我身边不乏很多已婚朋友,婚姻失败,痛不欲生者有;婚姻美满,甜蜜幸福者亦比比皆是。

同事老刘结婚前，经常和我约酒聚会，结婚后，这样的场合很少见他的身影，总是和妻子在一起，两个人的黏糊劲儿都让我眼红。

他下班后总是马不停蹄地回家，推掉聚会，美其名曰照顾妻子儿女，公司的同事偶尔会说他惧内，他也不以为意，反而以此为傲，常挂嘴边。久而久之，大家反倒对他肃然起敬。

而最让我佩服的一点是他戒了酒。

酗酒这一恶习，老刘很久之前就有，吃饭聚会必喝酒，一沾酒便要喝个尽兴，我总是负责送他回家，照顾他。

有一次，老刘带妻子和我吃饭的时候并没有喝酒，我以为是妻子在的缘故，并未多问。后来，待我们单独吃饭时，他亦未点酒，我便按捺不住多问了句。

"戒酒了，"他轻描淡写地说道，"认识她以前，觉得什么都无所谓，便觉得酒是个好东西。认识她以后，生活好像有了方向，有了责任感和使用感，我要给她一个家，给她幸福。"

同过去糟糕的自己告别，为了她，成为最好的伴侣，最好的父亲，最好的自己。

他感慨，自己好像重新活了一次。

· 4 ·

他们拥有的美好爱情，时常带给我希望，让我相信我们都会遇到这样的爱情。

当然，爱情也并非全是糖分，生活会将爱情的糖分一点一点地消耗掉。生活实属不易，我们面对的苦涩和困难太多，但爱情的一点儿甜却可以将这些苦涩都化解掉。所以，我们更需要有一个共同的储存糖分的地方，一起往里面添加佐料，酿造属于我们的甜蜜。

这些甜蜜，让我们在吵架时、疲惫时、倦怠时、抬眸时看到，便能甜到心底。

这些甜蜜，让我们不忘初心，继续前行。

这些甜蜜，足以支撑我们共同走向余生。

好的感情，就是两个人不断积累糖分，一起努力，一起奋斗，一起变成更好的自己。

生活总是酸甜苦辣参半，而伴侣是彼此的支柱，好的伴侣会一起把生活赠予的最酸楚苦涩的柠檬，酿成汽水般甘甜的柠檬汁。

我们将携手共进退，同舟共济。

在我们步入婚姻殿堂的那一刻，那声"我愿意"，意味着自己会坚守誓言，往后余生，我们的爱情或许不会一帆风顺，但我们能克服一切艰难险阻，我们互相支持，共同实现梦想，然后慢慢变老，直到离开这个世界。

我们的故事将正式拉开帷幕，由我们一起书写。

远离那个做了点儿皮毛就说爱你的人

· 1 ·

一次,我在微信朋友圈里做了个小小的调查,主题为:如果在未来的某天,当你的孩子正值青春期时,你对他们会有什么情感上的建议?

踊跃投稿的朋友里,二丫写的信格外正经,瞬间就从抖机灵的众人里脱颖而出。

二丫是这样写给她亲爱的小女儿的:

宝贝,如果将来你遇到一个人,一个你喜欢或喜欢你的人,如果他没有像你爸爸一样包容你,没有像个男人一样保护你,没有像妈妈一样心疼你……

那他对于你来说,就不是对的人。

你要永远记得,做了点儿皮毛就说爱你的人,不是爱你,是耽误你。

二丫前段时间离了婚，她曾经是个大无畏的毕婚族，跟前夫是大学同学，两个人和和美美地谈了三年恋爱。毕业后不久，二丫就赶了一回裸婚的热潮，就这样嫁给了爱情。

只是不知为何，他们婚后一直没要孩子。

离婚之后，二丫才淡淡地跟我说："他自己都是个没长大的孩子，上班划水摸鱼，下班吃喝玩乐，连个丈夫都做不好，又何谈做好一个父亲？"

两个人离婚并不像其他怨偶那样有什么不能为外人道的理由，只是那个为了爱情可以一腔孤勇奋不顾身的女孩子，终于在爱人日复一日的冷漠和忽视下灰心了。

当婚姻与爱情成了架在脖子上的慢刀子，一刀一刀磨着你的血管……它不要你死，却要你时时刻刻都担心热血流尽的一天。

人们都说强悍的女人背后一定有个伤透了她的心的男人，二丫不外如是。

两个人离婚的时候，男人还想挽留，他说："我爱你。"

二丫说："你不是爱我，是耽误我。"

· 2 ·

有人说，一段感情如果结果不好，不会只有结果不好，过程里必然处处都有不好的信号。

失望是一次次累积的，所有溃裂的坚硬长堤下面，都有隐秘的蚁穴。

谈恋爱的时候，他愿意陪你彻夜聊天；生病的时候，他会提醒你吃药；伤心难过的时候，他会给你一副不那么宽厚但也可以依靠的肩膀……

能做到这些，他好像已经是一个很好的男友。

可如果他只做到这些，那么他只是嘴上心疼你而已。

他喜欢你吗？喜欢。他爱你吗？没那么爱你。

真正爱你的人不会在你生病的时候只是用言语安慰你，下雨的时候也不会只是让你找个地方躲雨，更不会从来没有考虑过你们的未来，也不肯为了你们的未来努力。

恋爱和婚姻不同的地方，大概就是恋爱有粉饰太平的余地，而婚姻却是赤裸裸的兵戎相见。

柴米油盐酱醋茶，真的可以消耗掉一切热情。

仔细想想，你是从什么时候开始死心的？

是想跟他聊聊工作聊聊生活，他却敷衍了事的时候？是遇到挫折想抱抱他被他安慰，他却不耐烦地挣脱怀抱的时候？还是某天你深夜加班想让他来接你回家，他却连电话都不肯接听的时候？

当你像个女战士一样冲锋陷阵没有后援的时候，当你独自解决生活里一切问题的时候，当你需要他的每一个瞬间他都不在的时候……你才会明白，他真的没有那么爱你。

或者说，他只是用嘴巴在爱你。

他的灵魂，最爱自己。

前段时间我看综艺节目的时候，听某位嘉宾说了一些话，有所触动。

节目的议题是女生在感情里应该选"白纸男"还是选"现成男"，这为嘉宾说，自己更喜欢看过世界的男生，不喜欢对世界还蠢蠢欲动的男生。

她说："你只有真的读懂过生活，看过世界，你才会珍惜眼前所拥有的东西。但如果你一直有一颗躁动不安的心，不是说这样不对，每个人都有权利去体验不同的人生和生活，只是我觉得我耗不起，我就希望可以静下心来。"

阅尽千帆后，方知平淡可贵。

世界上所有的激情都有冷却平淡的一天，哪怕是火山爆发时，喷射沸腾的岩浆都有冷却的时候，何况被荷尔蒙主导的爱情？

恋爱的忐忑与甜蜜后，无论是否走入婚姻，我们的日子总会渐渐平淡下来。而支持彼此走下去的除了爱情，还有对彼此的责任感。

你是否耐得住寂寞，不被光怪陆离的世界所诱惑，静下心来，守着爱人，组建一个家庭，学着彼此照料，互相扶持，走过剩下的人生？

所以，拥有那颗静得下来的心，真的很重要。

无论是"白纸男"也好，"现成男"也罢，他们身上或许带着某个能吸引你的标签，但都不会是完美到无可挑剔的人。

最重要的是他懂生活，看过世界，知道自己拥有什么，并愿意努力守护它。

· 4 ·

我读高中的时候，曾有幸被一个非常博学的历史老师赏识，偶尔能被邀去他家小坐。

老师已经退休，又被学校返聘回来，只带毕业班。他是个头发花白的可爱老头，从来不在食堂吃饭，每天拎着一个花色简单的小饭盒上班，上课的时候会笑眯眯地跟我们分享自家老伴儿做的午餐便当。

老师的妻子是学校之前的化学老师，有颈椎病，已经严重到走在路上都会晕倒的程度。所以老师常常很担心老伴儿，隔一会儿就要给她打电话。

其实他们家里有保姆在，但老师就是放不下心，常常碎碎念着关于妻子的琐事，怕她无聊，还会常常请学生到家里吃饭，陪老伴儿聊天。

如果说世上真的有琴瑟和鸣白头偕老的夫妻，老师和爱人必然会是其中一对。

他们对彼此的在意和照顾，从一举一动里透露出来。

老师有糖尿病，老师的爱人无论身体多不舒服，每天都会坚持给老师做饭。而她身体不适，不能常常出门，老师就给生性爱美的妻子种了一院子的花，每天帮她按摩肩背，在每个黄昏牵着爱人的手出门散步。

老师的爱人笑着跟我们说，其实老师年轻的时候脾气不好，两个人结婚之后，他才慢慢学着做一些家务。在自己生病之后，他更是接过了家里的所有大小事务。

最开始的时候当然也是不熟练的，后来才渐渐上手。

所以你看，如果一个人真的爱你，再笨拙也会学着照顾你，再吝啬也会愿意为你一掷千金，再木讷也会记住你的大小喜好，竭尽所能地给你安全感，再年轻也会包容你，保护你，心疼你，他会为了未来拼命努力。

口头上的关心安慰很容易做到，可一定只有那个用实际行动来证明爱的人，才是真正适合你的人，才是真正爱你的人。

所爱隔山海，山海皆可平，那些做不到的小事，真的就是没那么爱而已。

· 5 ·

当你喜欢一个人的时候，总是会为他的不足找到理由掩饰。

他冷淡是因为忙碌，不肯付出是因为孩子气，不专心是因为疲惫……

你一边伤心，一边又在别人劝你放手的时候为他辩解，找出各种细节来说明他对你的好，证明他是爱你的。

你催眠着朋友也催眠着自己："他爱我，他只是……"

那个省略号后面，跟了一个又一个理由。

终于有一天你明白了，那个人的爱是空中楼阁，用甜言蜜语当作砖瓦，筑起了看似温暖美丽的房屋。可没有基石的房屋，在风雨来临时总会有倒下的那一刻。

等你看穿真相，你才知道，他不是真心爱你，是真心耽误你。

爱情不只是两个人分享快乐，也是学着互相照顾，承接对方负面情绪的过程。没有人可以一直无条件地付出，也没有人可以一直等待另一个人。

我真的很想跟那些在爱情和婚姻里永远长不大的人说："别这样，如果你没有那么爱一个人，如果你不确信自己能给那个人相同的回应，就别轻易去开始一段感情或一段婚姻。"

"你知道吗？人最怕的不是别的，而是日复一日没有希望的消耗。"

"可能你也是喜欢对方的，如果你的喜欢，你的爱，没办法去支撑对方，反而拖着对方一落再落，不如就放开手给人自由。"

"别把你喜欢过，爱过的人拖成面目全非的样子，再去说'你变了'。"

"如果你照顾不了她，如果你回应不了她，就别再耽误她了。"

人生苦短，
愿你每一天都过得快乐

· 1 ·

年前那段时间，我陪大北去看房，从房地产中介公司出来，大北点了根烟，叹气说："现在房价都这么贵的吗？想在好地段买个房子还真是不容易。抬眼望去，这座城市万丈高楼，竟没有我的一处容身之所。"

大北在青岛工作，租着小房子，工资不高，勉强维持生活，每逢交房租便朝不保夕，身上并无存款。

因为谈了女朋友，他便准备买房结婚。

女朋友左左是大北的老乡，算得上青梅竹马，可怪异的是，他们一直以朋友相处，最近才决定在一起。

我问大北："为什么不早在一起？"

大北沉思好久，说："有的人，你舍不得带给她伤害，你会觉得自己不够好，配不上她，不敢去触碰界限，就想一直珍惜她。"

"那为什么现在又在一起了呢?"

他猛抽了一口烟,吐出烟圈说:"因为看她这一路走过来这么辛苦,我不舍得她这么辛苦,既然这样,那我来守护她好了,她要的我都尽量满足她。"

他神情里的坚定,是我从未见过的。

买房不是左左提的,是大北想要给她的。

我问大北:"维持现状不是挺好的吗?两个人在一起租房,少了一笔开支,又不会有太大的压力,对目前的你们来说都是挺好的选择。"

可大北却摇头说:"租房和买房终究是两个不同的概念,即便左左愿意,我也不会同意,我不会让她跟着我受苦,连个家都没有。"

· 2 ·

房价逐年上涨,买房好像在不知不觉成了婚姻的必需品。

我见过太多的相亲条件是有房、有车、有存款,工作要稳定,有的还要求是公务员。这些条件不知不觉竟成了相亲中的最优标准。

好像在一段婚姻里,我们快不快乐、幸不幸福,完全以这些条件来衡量一样。

可我们的快乐真的只是这些吗?

那些离婚、分手的人,有多少只是因为这些原因呢?

左左和我说，她不想看大北这么辛苦，房子首付要花去他父母半辈子的积蓄，而且这还不够，大北还需要到处借钱，到处贷款。但她看到他这样奔波的时候，便觉得这辈子嫁给这个男人不会错。

大北会为她考虑，会给她带来快乐和甜蜜，让她往后的生活有了期待，有了方向。

她说："哪怕他什么都没给我，可他给了我快乐，让我知道即便没房没车，可他心里有个两人的家，有他就有归属感。"

真正的爱情，总能让两个人瞬间就强大起来，大风大雨可以一起挡，大灾大难可以一起扛。

· 3 ·

前段时间，我偶有失眠，睡得较晚。为了打发焦虑与时间，我在枕边放了本奥斯丁的《傲慢与偏见》，决定失眠时再把它重读一遍。

以前读这本书，年龄尚小，也不是很懂其中的道理，仅仅就是看个热闹罢了。等再次重温，才算真正懂得了它的经典所在。

主人公伊丽莎白和达西初见，达西傲慢无礼，拒绝了伊丽莎白的舞伴邀请，说："她还可以，不过还不足以让我动心。"

当然，这也是伊丽莎白对达西偏见的开始。

达西不贪图伊丽莎白的美色，直言他不动心，可最后他还是动心了。

他们之间跨越着阶层，达西是上流社会的人，而伊丽莎白处于阶层底端，这身份的差距，总容易让人不免怀疑这段感情背后的意图，是不是在贪图些什么。

可伊丽莎白贪图吗？

后来达西向她表白的时候，伊丽莎白拒绝了，更是直言："假使这世界上所有男人都死光了，我也不会嫁给你。"

这话之决绝，表明伊丽莎白没有丝毫贪图之心，她不贪图达西的权贵和钱财。

可就是这样的两个人，最初都互相瞧不上对方，充满了傲慢与偏见，却终究走到了一起。

达西说："我不顾世俗的看法，不顾与家族的期望对抗，不顾与你的出身我的地位对抗，来对你说我爱你。"

伊丽莎白说："只有真挚的爱情才能让我结婚。"

伊丽莎白并不贪图钱财，她贪图的只是达西的幽默和他带来的快乐。也只有这些，才能让她真正勇敢地去跨越阶层，跨越障碍，最后站在了达西的身边。

· 4 ·

生活中，我们常常会被流言淹没，看到彼此条件差距悬殊的，总会有人说是贪图钱财……好像所有人，都是有企图的。

那如果是这样的话，为什么我们的企图不能是快乐呢？

在一起，是因为对方带来了快乐，是因为这个人幽默风趣，是因为他的才华和努力，是因为他的关心、温暖和执着，也是因为他让自己眯起双眸，捧腹大笑。

只有这个人，才能让你的眼里有光，你才会下定决心选择他。

爱情，不是给对方什么东西，不是房子、车子，也不是物质上的满足，更多的是你眉眼带笑，开心愉快。

人生苦短，我想每一天都过得快乐一点儿。

自大北恋爱后，我常看到他们成双成对地出入，两人的唇角始终噙着笑。

后来结婚的日子定了下来，双方父母早就认识，也都喜笑颜开。

我衷心祝福他们，也衷心祝福我们所有人，都能够在爱情里收获快乐，收获幸福。

钱财乃身外之物，那个能让你在爱情里因为一点儿小事就快乐不已的人，才是良人，才值得你托付真心。

你会在不经意间想起那个人，忍不住咧嘴大笑，眉眼温柔。

也希望我们能够放下傲慢与偏见，去相信有的人并不贪图钱财，并不贪图美色，只贪图生活里的小快乐。

最后，你的快乐，终会到来。

人生写成诗，
"我爱你"是最后一行

· 1 ·

2016年前后，我因为工作关系被外派到日本学习，在东京待了将近一年。

因为要长期居住，到了东京之后，我先是找到了一栋看起来非常温馨的小楼，然后约了时间过去看房。

房主是一对夫妇，已经是年近古稀，头发花白，笑容却很温暖。

虽说是栋小楼，其实面积并不大，能给我使用的也只有二楼的一个单间和书房，因为要长租，这样的空间确实不太符合我的预期。思虑半天，还是想跟房主夫妇说抱歉，可当我正准备说时，却发现了卧室窗台上摆放的一束干净又漂亮的粉色雏菊。雏菊放在白色的瓷瓶里，在春日阳光下显得格外秀气可爱。

这应该是房主夫妇特意为来看房的租客准备的。也就是说，无论来客是否租下二楼的房间，两位老人都真心希望他们能对这个房间留下美好的印象。

等再次环顾四周，我发现整栋房子都被他们收拾得整洁温馨。屋内那略有年代质感的家具摆设，配着冷淡古朴的色调装修，同时，屋外檐下还挂有一串陶瓷风铃，每每清风徐来，那叮叮当当的清脆声沁人心脾。

可以说，我完全是被房主的真诚，以及房间里的细节感动的。当时我立刻就改变了主意，说我决定租下房子。

两位老人家听完我的话都笑起来，他们牵着彼此的手，一起连连向我鞠躬，嘴里反复说着："欢迎前来居住。"

· 2 ·

等住进那栋小屋后，我发现，自己不是住进了一栋房子，而是住进了一栋大型秀恩爱现场。

房子的男主人叫草间，他的夫人比他大三岁，生平最大的爱好就是做日式料理。我住进去后，草间夫人甚至承包了我中午带去公司的便当，精心准备的便当，让我在漫长的工作日每天都盼望着打开餐盒的惊喜。

作为报答，我每天都会在回家的时候给两位老人带一些礼物，有时候是一束花，有时候是几粒糖果，有时候则是草间先生最喜欢吃的金枪鱼寿司。

每次看见礼物的时候，草间夫人都会很开心。有一次她对我说："请您一定要保持这样下去啊，无论是恋爱还是结婚，都要这样保持浪漫。这样的话，您未来的夫人一定会很幸福的，只有源源不断的惊喜和礼物，才是婚姻保鲜的秘诀啊！"

草间夫人说得郑重又温柔，听上去像极了日剧里某段富含人生哲理的独白。而草间先生在旁边不太开心地对我说："她是记恨着我呢，年轻的时候没有像你一样制造惊喜和礼物，所以老了之后，她才总是给我制造麻烦，让我辛苦，哼！"

我笑着坐在榻榻米上，看着草间夫人笑着把热茶推到草间先生面前，像是哄着孩子一样说道："是啊，您辛苦啦，请喝一杯茶吧！"

草间先生假装生气地矜持一会儿，忍不住了，就抖着白色的胡子笑了出来。他喝过茶后，夫妇两人对视一会儿，都忍不住牵着手笑作一团。说实话，那个场景能撑得起所有美好的形容词，这就是白头偕老的爱情。

· 3 ·

闲聊的时候，草间夫人也会跟我说起他们的爱情史。

草间先生曾经是个脾气非常不好的人，沉默、固执，自己认定的事情绝不更改，哪怕知道坚持的是错的。但后来他们的幼子夭折后，草间夫人陷入抑郁中，草间先生的脾气就再也没有发作过，他学着照顾夫人，慢慢温柔下来，才变成了现在这个样子。

草间夫人说话的时候，脸上总是带着温柔的笑。她明明已经老去，但奇怪的是，每一次提起自己的爱人，草间夫人都会显得年轻了很多，恬静又羞涩的神情倒像个十八岁的少女。

她脾气一直都很好，有时候草间先生固执己见时，草间夫人也不生气，只是静静地看着先生，等待着他意识到错误。他们每天都会很早起床，一起去逛市场，无论发生什么，都紧紧地牵着对方的手，丝毫不在意旁人的目光。

他们走在一起的画面，像某部电影的定格，无声又隽永。

草间先生不像夫人那样温柔，也不会说什么情话，他的关心和爱意都表达得很拙劣，但草间夫人都懂，也并不强求他一定要表达出来。历经风雨后，他们看待对方的眼神里有种笃定的平静，让仍在飘摇中的我忍不住心生向往。

· 4 ·

直到我离开日本的时候，草间先生和夫人的身体都还算健康。唯一的儿子夭折后，他们没有再继续孕育后代，这也让我非常担心他们的情况，就请我在日本的同事多加照顾。

后来有一天，草间先生写了一封越洋信给我，信的风格和他的说话风格极为相似，分外简洁。他先是短暂地问候了我，然后简单叙述了一下夫人已经病逝的消息。他在信末不无伤感地补充了一句，她说的最后一句话是"我爱你"！

我接到信件后，给草间先生打了个电话。他刚处理完葬仪，声音沙哑地说："有点儿后悔啊，年轻的时候争强好胜，伤害了她，也很少说'我爱你'这样的话，更别提送她鲜花和礼物了。我一直不知道她明不明白我的爱意，到现在一切都晚了，我再也没有机会对她说爱她了。"

我忍不住安慰他："请您不要太过伤心了，其实夫人明白您没有说出口的爱意。"

挂断电话后，我想：草间夫人离开人世的那一刻，在想什么呢？她有没有因为没有听到那一句"我爱你"觉得可惜过？而爱情里，那句"我爱你"又是不是真的那么重要？有时候语言终究太苍白了，表达不出来那种相濡以沫的爱情。

无论我怎么想，都觉得草间夫人肯定没有怪过先生，没有怪他从未说出"我爱你"。

她不需要那一句声明，因为草间夫人不只是听，她看到了草间先生的"我爱你"，在每一个牵着手散步的清晨和黄昏中，在每一次对视的眼神中，在每一刻他们共同度过的时光中……草间先生每一句无声的告白，夫人都听到了，然后用力地记在了心上。

这个聪明至极也温柔至极的女人把人生写成了诗，又用"我爱你"这句话作为这首诗的最后一行，永远地留在了爱人的记忆里。

那不是遗言，草间夫人只是想让草间先生知道和确认，即使在她生命的最后一刻，他也仍然是被爱的，而且将一直被爱下去。

何其美好。

人生写成诗，"我爱你"是最后一行。

辑三 PART 03

生活不简单,
尽量简单过

你的心软和不好意思，可能会害了自己

· 1 ·

你的善良要有棱角，如果平时无限忍让，别人拍你逗你戳你只当玩闹，那么你若不耐烦地生气，他们就会嫌弃你不识逗。

我们都要学着做一只刺猬，大家知道你有刺，才会感激你不随便扎人。

生命有限，精力紧张。

拒绝讨厌鬼，认真答应心上人，做好心上事。

了解我的人大概都知道，我是个不太能闲得住的人，一年中出差也好旅行也罢，总是有较多的时间在外地或国外。

因此，我也常常面临一个非常无奈的问题——代购，而且是免费的没有任何回报的代购，简称跑腿。

开始的时候，因为心软，也因为不好意思拒绝，一般直接找我帮忙带东西的，我都会看时间安排答应下来，然后到了当地再帮忙采买。

2

直到有一次，老家一个姐姐叫我帮她在香港带几罐奶粉回来，我委婉拒绝之后，她先是跟我说家里的孩子吃惯了这个牌子的奶粉，没法儿换又找不到别人帮忙，后来又说家里现有的奶粉已经只剩一个底，我要是不帮她带，孩子就得在家里饿肚子……

我问她为什么不找专业代购，她说专业代购她不放心，而且重点是贵。

但我那次出行纯粹是为了公事，总共只有三天时间。一来一去，几乎半点儿空隙都没有。

她说得恳切，我还是心软答应，晚上很晚结束行程后还特意去了当地的专卖店里购买。

但我打电话跟这个姐姐确认奶粉的牌子和价位的时候，她一边提着对奶粉的要求，一边理所当然地跟我说："反正你都买了奶粉，就帮我再带点儿别的东西回来吧。"

我看着她发过来的一长串标注着香港各大商场专柜的购物清单，半晌说不出话来。最后我沉默着把奶粉放回原位，直接打车回了酒店。

第二天，那个姐姐发微信问我有没有帮她买好东西，我一边赶飞机，一边把她拉黑了。

3

后来，老家的爸妈因为这件事专门打来电话，非常严厉地斥责了我一顿。

他们不懂，所谓的举手之劳，其实是多大的负担。

那天，向来脾气很好的我生了很大的气，向父母说了前因后果之后，从此坚定了不再帮人代购的决心，再也没有心软或者不好意思过。

我的心软和不好意思，便利了别人，却为难了我自己。那些为难你的人，那些明知道你为难还能厚着脸皮来为难你的人，本身就没有为你着想过，他们眼里只有自己的利益，并不在乎你会为之付出怎样的辛苦。

人需要有一颗善良的心，但你的心软和不好意思，不应该成为别人攻击你的武器。

心肠太软的人，往往很容易疲惫。

为什么？因为自己对这个世界好到毫无保留，那些自私自利的人就敢坏到肆无忌惮。

最开始你只是想付出一点儿善意，最后却不知不觉地成了别人眼睛里的软柿子、缺心眼儿。后来终于有一天当你没办法满足别人的需求时，他们就会反咬你一口，让你成为最无辜的受害者。

而那时的你，明明是好心，却落得个里外不是人的下场。

委屈吗？当然委屈。

· 4 ·

严歌苓在《陆犯焉识》里写道："心太软的人快乐是不容易的，别人伤害她或她伤害别人都让她在心里病一场。"

善良与心软，它们到底是不同的。

善良是从本心出发，是你做出来的选择；心软却因他人而起，是你无奈的妥协。

你以为你的心软和不好意思换来的是理解，是珍视，是你们加深的情感，是对方感激和一定要回报你的心……但事实上，你得到的常常是对方的得寸进尺，理所当然。

美名没有，快乐也没有。

心软和不好意思拒绝别人的人，是不幸的。他们害怕一旦拒绝别人，就会在彼此心里留下无法愈合的伤痕。

但如果纵容对方，没有底线地一退再退，相信我，最后心里留下伤痕的人，一定只有你一个。

别人伤害了你，你在心里病一场，暗暗提醒自己不要再上当；你以为自己伤害了别人，怕给人添麻烦，又怕别人嫉恨你，不免在心里又病一场。

来来去去，多累啊！

不如就学着自私一点儿，竖起身上的尖刺，能做的事情举手之劳，做不到的事情直截了当地拒绝，既不耽误别人，也不消耗自己，两全其美。

"受欢迎的老好人"不是那么好当的，不要对一些无关紧要的人上心，却忽略了那些真正需要你花费时间和精力的人。

我们不是圣人，圣人尚且有所为，有所不为，你又何必来者不拒？

记住，别让你的心软和不好意思，到最后害了自己。

在自我尊重前，
没有金钱微不足道

· 1 ·

一个关系不错的同事向我诉苦，说从小学到工作，这么多年，几乎所有的朋友家境都比她好，穿的用的往往都是奢侈品。所以一旦有聚会，她就格外害怕，怕朋友们选了太过高端昂贵的餐厅，也怕自己穿的是格格不入的小品牌，叫人笑话。

有时候，觉得接下来的消费承担不起，她就会找个理由提前离场。那理由有时候不成立，有时候和上一次重复，但她也没有更好的办法了，毕竟她用于朋友聚会的预算只有这么多，不能像她们一样毫无限制，看见喜欢的就买走。

与其到了店里试穿后尴尬地发现自己付不起钱，不如提前告别，独自回家。

她的话令我疑惑不解，因为实际上她完全有第二个选项，她可以告诉朋友们："我的预算只有这么多，我也很想和你们一起，但是我没有办法,因为我的经济状况承担不起,我们可以逛街的时候换几家小众品牌,或者我也可以在外面等你们出来。"

但她并不愿意。

· 2 ·

后来我仔细想了想,这位同事之所以不愿意采用最简单的解决办法,归根结底不过是因为她觉得:向朋友们承认自己付不起钱,是一件可耻的事。

所以她宁愿扯出一个个生硬的理由说自己有事,宁愿每次聚会时心里发虚,也要硬撑出一个场面来:我也可以承受和你们一样的消费,我并不比你们穷。

可是,物质上的贫穷是一件事实,这并不可耻。

更可怕的是,当她产生"我不能承认自己没有钱"的想法时,就已经走入了贫穷心态,无法自拔。毕竟,单纯的贫穷并不能让人陷入自卑,但拒绝承认贫穷,甚至把它标榜为可耻的事,竭尽全力掩饰贫穷的人,一定是自卑的人。

还记得河北女孩王心仪吗?

她出身农村,家境贫困,却在高考时拿下了707分。北京大学中文系向她寄来录取通知书的那天,她还孤身一人,在外打工补贴家用。

被录取后,她写了一篇文章,标题是简简单单的四个字——

感谢贫穷。

你看,她很贫穷,但她又无比富有,她如此坦然,大声地告诉全世界:我比你们不差什么,甚至更出色。

· 3 ·

贫困并不是什么大不了的事情,表现在生活中,它只是一件衣服,一顿吃喝,是不能买那些专柜大牌。

一万元和一百元的衣服,都有御寒的作用。用不起就不用,吃不起就不吃,这是何等简单的道理。用"用不起""吃不起"来无意识地贬低自己,最终只会导向两条路,或耻于提起与金钱相关的事,遮遮掩掩;或拼命地省钱,在别人看不到的地方省吃俭用,以负担人前的高消费,在别人面前打肿脸充胖子。

自卑和虚荣,都是贫穷心态的延伸,都是无数次以"我没钱"这个事实伤害自己后触发的保护机制。前者把自己埋入低谷,后者则堆出虚假的高楼,站在楼顶叫嚣。它们都是健康心理的偏移,需要自我调节,自我治愈。

有些人觉得,暴露出自己的贫困,就会叫别人看轻自己。比如,没穿着昂贵的衣服就不愿意进名牌店,害怕被店员投以白眼;拼命了解那些自己不穿的奢侈品牌,以免显得自己不懂牌子;更有甚者,去咖啡店之前搜索一下咖啡的点法,以显示自己的专业:瞧,我不是第一次来,我完全买得起这里的咖啡,这样，别人就不会看不起我。

可是，有这样的想法，本身就放低了自己。

小到不懂咖啡，大到不认识某些奢侈品牌，背后潜藏的都是同一种意思：我不明白，以我平时的消费层次，不会涉及这种场合。

而假装自己熟悉这些，其中的意思则是：自己认同"高消费等于高地位""金钱等于一切"的观念，于是转而苛求自己，告诉自己只有"有钱""了解""用得起"，才有资格抬头挺胸地社交，哪怕这已经把自己的自尊刺得鲜血淋漓。

事实上，金钱匮乏并不是一件需要掩饰的事。

你完全可以省吃俭用以后，大方地走进咖啡店，买一杯自己平时买不起的咖啡，坦然地告诉店员："我没来过，麻烦帮我推荐一下。"你更可以微笑着告诉朋友："这牌子太贵了，我除了大场合不会用，我想去看看那些更日常的牌子。"

当你不再把贫穷视作耻辱，转而坦荡地接受——就像接受一朵路边的花，接受一阵夏天夜里的微风，一切便豁然开朗。

· 4 ·

心理学研究认为，在社交过程中，他人给予自己的反馈，与自己传达出的自我认知相关。

换句话说，当你沉浸于自卑之中，他人也会自然而然地看轻你——因为你传递给他们的信息就是如此;而当你发自内心地尊重自己时,他人也会下意识地给你足够的尊重。

放在这里就是,当你认定了贫穷是件羞于启齿的事情时,你周围的人也会下意识地认为你"贫穷,因此低微";只有你坦然以待,他人才会与你一样觉得"贫穷而已,算不得什么"。

这世界上最昂贵的是自尊,它与金钱、地位无关,与任何事情都无关,它只决定于你是否看轻自己。你最不应该做的,就是为"没有钱"而贬低自己的自尊,为物质上的贫穷而把自己的精神压进尘埃里。

在自我尊重前,没有金钱仅仅是一件微不足道的小事。更何况,金钱在人生中并非定量,它完全可以被改变。

我们看到过太多人含着金汤匙出生,却庸碌懒散一事无成,甚至染上恶习,败尽家财。

我们也看到过太多人出身贫寒,却坦荡乐观,把一切精力用于提升自我,然后站上峰顶,一览众山小。

相比自尊、知识、爱,金钱只是死物,它可以买来数以万计的书,却不能直接把知识塞进脑袋里;它也可以买来美食美酒,买来任何用于享受的外物,却不能把对生活、对世界的热爱直接投入心中。

人生不是一场游戏,"氪金"也不能带来一场完美的胜利。

它只是一条从出生起划定的起跑线,有些人可以在开场时少跑几步,这或许不是那么公平,但我们都知道,一旦枪声响起，这场漫长的马拉松拉开序幕后，所有人都只能靠自己的双腿完成。

只要跑得足够快，你就有机会把任何人甩在身后。

· 5 ·

譬如，星巴克的前老板霍华德·舒尔茨，就来自纽约布鲁克林贫民区。

他和家人挤在小小的屋子里，与兄弟姐妹们分享一张床，每到深夜，前往肯尼迪机场的飞机从他们头顶掠过，巨大的噪声足以将人从睡梦中惊醒。

正是在这样的环境中，舒尔茨努力争取到橄榄球奖学金，考入北密歇根大学。在毕业后不久，他召集了一批投资者，买下星巴克公司。那时是1987年，星巴克一共只有60家门店。

19年后，舒尔茨跻身福布斯富豪榜，身家在十亿美元以上，星巴克在世界范围内开出了1.6万家连锁店——这个数字还在不断增加，直到今日。

舒尔茨是真正经历过苦涩日子，输在起跑线上又奋起直追，终于把绝大多数对手远远落在身后的人。他曾经比大部分念叨着"我没钱"的人都更贫困，也比抱怨自己生而落后的人面临更多挫折。

但短短数十年后，一切翻天覆地。

在一次采访中，舒尔茨称："从小到大，我一直觉得我生活在轨道的另一端，我知道轨道对面的人们过着更加幸福的生活，他们有更多的资源，更多的财富，更幸福的家庭。我想要跨越这道藩篱。如今我也西装革履，但是我很清楚自己从哪来。"

或许曾经那段无比贫困的经历，不仅仅是他向前的动力，也是他心灵的栖息地。因此，与其自怨自艾，不如从现在开始研究如何跑得快一些，更快一些；不如把无数次在心里对自己说的那句"我没钱"换成"其实我很富有"；不如就从珍重自己，抬头微笑开始吧。

一时的"贫困"，并不影响你过上精彩的人生。

众生皆苦，
唯有你是草莓味

· 1 ·

前几年我开始写书后，认识了一个朋友，叫大丘。

和很多网友认识的经过一样，最开始我们只是同在一个作者的交流群里。大家闲暇时插科打诨，偶尔也会交流一些专业的学术知识，互相请教和学习。

我不爱在网上聊天，平常最大的爱好就是看着他们在群里唇枪舌剑。看到他们或犀利或幽默的发言，不由自主我就会被逗得发笑，也算我日常生活里一点儿小小的趣味。

大丘是作者群的群主，性格沉稳，从来不参加群里的闲聊。但要是谁有关于学术方面的疑问，只要在群里提出来，不论什么时间，他都会在十分钟之内回复。其博古通今的程度让我一度以为大丘是位年纪稍大的学者，还颇为在群里胡闹的人汗颜。

最开始我对大丘还是尊敬居多，但后来有一次，我们在群里就一本现代文学里的行业设定争论了起来。他觉得设定合理，而我正巧作为那个行业的人，坚持认为作者的观点非常片面，完全是以偏概全，无法代表整个行业的现状和发展趋势。

我们在群里争论了几天，你来我往，每天都至少输出一万字。以至于那段时间群里都没什么人出来闲聊，大家都在兴致勃勃地看着我们互相摆事实讲道理试图说服对方，偶尔有不明所以的围观群众问怎么回事，他们还会私下追过去给人科普，戏称我们是"神仙吵架"。

可惜的是，我们到最后也没能争出个结果来。我们都认为对方的观点有一定的可取之处，但同时又无法就原则问题被对方说服，最后只能私下和解，打了个平局。

· 2 ·

经过这件事，我和大丘慢慢熟络了起来。

我们开始在私下单聊，有时候说一些自己的近况，有时候一起讨论富有争议性的新闻。

也是和大丘熟了之后我才知道，他和我年龄相仿，并不是什么沉默寡言的老学究。日常聊天时，大丘完全展示了自己的话痨属性，碎碎念地跟我分享自己的生活日常，其中出现频率最高的莫过于他的妻子小娜。

其充满爱意和黏腻的程度，完全打破了我对大丘沉稳博学的幻想。

后来群里不知怎么流行起来互寄特产的风潮，我想起大丘曾经提过妻子抱怨他不爱洗袜子的趣事，于是要了他的地址，忍着笑给大丘寄了一盒袜子。让我没想到的是，一个月后，大丘居然给我寄回来一箱内裤作为回礼。

我在公司打开快递时又好气又好笑，打电话给大丘时，他在电话那头放肆地大笑，笑声爽朗，充满了鲜活的朝气，活像个恶作剧成功的十六岁少年。

那个时候，我怎么也没想到，这样乐观积极的大丘竟然曾是一场重大车祸的受害者。他在高一晚自习放学的路上被一名醉驾的司机碾在了卡车的车轮下，后来虽然被侥幸救出，但却永远失去了那双曾经带着大丘奔跑如风的双腿。

而那年，大丘才十六岁。

· 3 ·

2015年的时候，我去了一趟四川。

大丘得知这个消息非常高兴，提前一个月就开始准备接待我。当时智能手机已经非常流行，他拍了很多照片发过来，有自家养的鸡，也有院子里的葡萄架、柚子树和一片有各种鲜亮颜色的菜地，还有他妻子在厨房忙碌着的背影……目之所及，都是生活的气息。

我本来也只是出去旅游，顺带见一见这位神交多年的好友，见大丘那样兴奋，我不由得开始期待起来。后来我还精心准备了很多家乡特产，准备带给大丘。没想到的是，下了飞机后，我照着大丘给的地址一路找过去，居然摸进了一座大山里。

大丘的妻子小娜来接我的时候，我正在村口看着一排走过的大白鹅发呆。小娜衣着简单，面上却有非常温柔的笑意，她说大丘不方便出门，我来接你。

我跟着小娜走到村子深处，远远就看见有个人站在院子门口，正大声地叫着我的名字。大丘穿着T恤和短裤，没有遮掩自己装在腿上的假肢，他有着和我想象中一样的灿烂笑容，笑声明亮，充满了朝气。

大丘带我参观了一圈他自己的院子，面上是毫不掩饰的自豪，他说："这都是我和我老婆种的！"大丘说起妻子的时候，眼底满是光亮，那种光是少年眼里才会有的关于爱情的光亮。

我愣愣看着，突然心生艳羡。

· 4 ·

大丘说，他和妻子是青梅竹马，年少相恋。当时车祸发生后，曾经最爱踢足球的他一度无法接受自己残疾的事实，几近抑郁。那段时间，是小娜一直陪在大丘身边，她没说什么话去鼓励他，只是无声地陪伴着。

后来，终于慢慢振作起来，接受了现实的大丘重新开始生活。只是，他再也不是从前那个热烈的少年，而是越来越沉默，像一堵安静的墙壁。感到未来无望的时候，大丘也想过要和小娜分开，但折腾来折腾去，她就像一段柔软却无法轻易折断的丝，温柔地缠绕在大丘身边。

他们就这样，一起读了大学，又一起回到了家乡。

大丘一直向往的田园生活，终于在时隔多年后实现了。他们买下了一片荒地，自己建了房子，又设计了院子，然后一点一点地填上自己喜欢的花草、树木、蔬果……原本荒草丛生的野地渐渐变成了让人流连忘返的小小天堂，温柔地盛放着两个人的爱意。

那天我们在院子里喝酒的时候，小娜已经休息了，大丘带着酒意跟我说："你知道吗？我的腿刚截断的时候，太难熬了，太痛了，那种痛，正常人根本就没有办法想象。我的大脑也一直没有办法接受双腿从身上脱离的事实，我当时觉得自己不可能好了，整个世界在我眼睛里根本没有一点儿光亮，都是苦，都是痛，我根本就没想过自己能活下去……"

说到这一段的时候，大丘红了眼睛，他看着头顶的星空说："其实那场车祸过去之后，我还是有特别多艰难的时刻。可后来我慢慢懂了，就算再难熬，我都不能把小娜一个人丢下。如果说我命里还有什么值得珍惜的，那一定就是她了。"

我不能说自己能感同身受，却格外能明白他的牵挂。

也许这世界上就是有那么一个人，是你无论怎么样也无法放弃的。对方陪你走过风雨交加的黄昏，你怎么能忍心让对方一个人去迎接孤独的黎明？

如果说生命本就是苦涩的，那么，总有一个人是你生命中无法忽视的甜。

你没办法形容对方的美好，但你就是知道，无论现在还是将来，无论你将承受怎样的苦难，你都能为了对方一一克服，学着更勇敢，更坚强，永不言弃。

因为，众生皆苦，唯有你是草莓味啊！

感激自己与自己
结伴而行的时光

· 1 ·

你是否偶尔,下班后特别不想一个人回家,总想找些人一起去吃饭,哪怕只是看一场电影?或者明明在掏心掏肺地对待别人,却不能被理解?又或者有些自认为再正常不过的行为,却被别人打上了特立独行的标签?

其实这些都可以表明孤独,只因为拥有着,害怕着,身在其中,便不想面对,或不愿把自己归于孤独的一类罢了。

蒋勋在他的《孤独六讲》中有一段话,令我至今印象深刻:"一方面我们不允许别人孤独,另一方面我们害怕孤独。我们不允许别人孤独,所以要把别人从孤独里拉出来,接受公共的检视;同时我们也害怕孤独,所以不断地被迫去宣示:我不孤独。"

所以孤独大体是,当急着想要别人帮忙,或者有很难过的事情需要倾诉时，翻遍通讯录里那么多人，最后却不知道要联系谁。一个人为了自己的目标努力奋斗拼搏，坚持做自己喜欢的事情时，不仅得不到周围人的理解，反而有不断的质疑声涌来。

· 2 ·

这句话我记了很久，与这句话一起被我记了很多年的还有一个故事。

在我的微信好友里，有个朋友的名字叫"52赫兹"，我一直不明白这名字的含义，也没好意思去问。不过，后来通过一篇报道，我最终知道了其中的缘由。

20世纪80年代，美国伍兹霍尔海洋研究所曾在北太平洋探测到了一个声音频率为52赫兹的神秘生物，随后美国海军对其进行了追踪录音，并最终证实声音来自一头须鲸。

它叫Alice，在其他鲸鱼眼里，Alice相当于一个哑巴。这么多年来它没有一个朋友，也没有一个能听懂它声音的同伴。

唱歌的时候，没有任何一个同伴能够听见；哭泣的时候，也没有任何同伴能发觉；快乐的时候，不能和任何同伴分享；难过的时候，身边也没有任何同伴理睬。

而之所以如此，是因为这只孤独的鲸的声音频率高达52赫兹，而正常鲸的声音频率只有15—25赫兹。由于它的频率与众不同，因此，它从出生起就注定是孤独的。

我们每个人在情绪低落或者受到挫折冷遇时，都会不由自主地想：为什么命运如此不公平？为什么别人都那么幸福快乐，唯独自己这么坎坷？

其实看完这个故事回头再想，大概我们孤立无援的时候，都是那只独自遨游在浩瀚大海的须鲸。只不过，我们只是难过一会儿，孤独一阵儿，而它，却始终孤独着，始终得不到任何回应和陪伴。

这听上去是一个很悲伤的故事对不对？

可尽管它孤零零地独自漂泊，美国国家哺乳动物实验室的研究员在接受记者采访时却说："这头须鲸能在如此严峻的环境里独自生存这么多年，足以说明它没有任何健康问题。即使身处孤独，它也自得其乐。"

这么一想，我们平时所经历的那点儿委屈和孤独，跟这头须鲸相比，已经都不值得一提，也不算什么了。

实际上很多时候，孤独可以让我们完善自己，使自己变得有趣。我们每个人在不同的年龄，对于孤独会有自己的看法。正在经历的孤独，我们习惯称之为迷茫；已经经历过的孤独，我们把它看作是成长。其实，从害怕孤独到忍受孤独再到享受孤独的过程，对于我们而言也许仅仅是一场电影的时间，一顿饭的时间，或是一场失恋愈合的时间。

上学的时候认识一个钢琴弹得非常棒的学姐,也是其他同学眼里的学霸。她很有个性,一旦喜欢一样东西,就会尽力做到最好,是个不在乎别人看法和眼光的人。

我在和她相处的时候发现,对待同学和周围的朋友,她有一套自己的准则——对于看不惯她行为的同学,她始终很淡定,从来不会跟别人起冲突;对于不喜欢她性格的朋友,她也从不谈论是非,不人云亦云。

有人评价学姐:不合群,孤僻且单调无趣,但是为人不坏,有问题向她请教时,她会耐心解答。

也有人评价她:有时感觉她离得很近,有时却感觉她站得很远,玩儿的时候也能一起玩儿,只是吐槽和八卦的时候,她通常只会笑笑,没有过多评价也不诋毁,偶尔开口讲上几句自己的见解,往往一针见血。

我曾经好奇地问过学姐:"为什么感觉你的思想成熟度要比同龄人高一些呢?"

学姐回答:"大概是因为我在独处的时候,学会如何成长了吧!刚开始我也会害怕脱离环境,惧怕孤单。但是后来,我慢慢喜欢一个人独处,因为可以做很多自己喜欢的事情。并且这种孤独并不需要远离人群,也不是独来独往,而是坚持着自己的坚持,然后让自己变得更好。"

· 4 ·

我们确实应该多给自己留一些独处的时间。有人曾说:"独处的时间是美好的。我们在用心与自己相处的过程中,会少很多抱怨和浮躁,多一些心平气和和成熟睿智。"

我们不必跟别人比较,只需要在孤独中慢慢地完善自己。

我们享受群居,也要试着享受独处。生活里没有谁能时时刻刻陪伴着自己,总要学会无论是谁离开你的生活,都不要把那当作世界末日;也要学会无论是谁走进你的生活,都要懂得心存感激;更应该学会的是,该怎么样一个人生活,给自己一个空间。

到最后,你会感慨:怎么会有人不喜欢孤独呢?在这段独处的时光里,你有足够的时间把自己的生活节奏放慢,然后去遇见一个不一样的自己。自己与自己结伴而行,才是我们最清晰的时光。

不要活在别人的期待里

· 1 ·

大概每个人都曾像《浮夸》里唱的那样:"有人问我我就会讲/但是无人来/我期待到无奈/有话要讲得不到装载/我的心情犹像樽盖等被揭开/嘴巴却在养青苔/人潮内愈文静/愈变得不受理睬。"

发现明天有同学聚会,但没人来通知自己。

看见别人心领神会地一起大笑,问一句在笑什么,却得到千篇一律的回答:"没什么。"

压力太大,忽然崩溃,打开手机翻一遍微信通讯录,头像挨个点开,却没有能说话的人。即使有,也知道只是客套的安慰。所以只能独自哭泣一番,第二天收拾好自己,带着平时不会化的浓妆上班,遮掩红色的眼角,确保不会被人发现。于是,果然没有被人发现。

但其实,你是期待被发现的。

期待被提及，期待被认同，期待被注视，期待和别人不一样。可是只有会哭闹的人才吸引人们的注意力，哭声要比忍泪的眼角引人注目得多，轻易就能引来一些安慰。好像会哭的孩子真的有糖吃。就像在学生时代，班里笑得最大声、最闹腾的那个人总在人群的中心，工作后也是如此，甚至感情中也是如此。

而忍耐是没有极限的，平凡也是没有极限的。因为说话没人在意，所以索性随波逐流，不发一语，像水滴毫无挣扎地没入大海。

或许有幸运儿吧，或许有人不需要哭闹也不需要玩笑，天生就能站在光芒的中心，可大部分人没那么幸运。

· 2 ·

我搜索《浮夸》时，看到一个问题，问："为什么这首歌受到如此强烈的推崇？"

下面有个回答，很短："因为这歌里的每个字，都像在写我。"

再下面是数以千计的点赞，沉默的点赞，并没有人留言回复。一个个赞赏，沉重得触目惊心。我想如果能选择，没人希望自己听得懂这首歌，也没人希望自己被忽视。

"被忽视"应该导向的那条路，不是牺牲自己的意愿，夸张扮丑博得别人的喜欢，而是关注自己，让自己成为更好的人。

我们都知道，人与人之间的交往相处，为的是对方能给自己带来快乐，带来愉悦和舒适。

说得再直白些，就是人们期待从别人身上获得价值。这种价值不一定是金钱，不一定是利益，也有可能是知识，是情感体验。你可以教给朋友知识，你可以潜移默化地帮助朋友成为更好的人，你的优秀可以带动朋友。

因此，想要成长，首先要做的是发现自己的优点，并把它展示出来。

· 3 ·

一个人不可能全无优点，他一定有发光闪亮的地方。如果自己都不承认自己有优秀之处，把发光闪亮的部分遮掩起来，又凭什么期待别人主动剥开外壳，发现那些被埋藏起来的宝藏呢？

想要别人关注你，首先需要你关注自己。

有展示自己的机会就抓住，有擅长的事情就主动揽下，有光就肆意挥洒。

或者，让自己更进一步，给自己创造优点。

如果在某个群体中，从来得不到别人的关注与赞赏，反思一下，是否自己做得不够好。

数学系学生的"噩梦"——费马，原本是一位律师，尽管主业没人关注，却利用业余时间研究数学，提出了著名的费马大定理。现如今，把他当作数学家的人，比把他当作律师的人多数倍不止。

顾炎武，写《音学五书》时五易其稿，精益求精，反复打磨。若非拥有这样的精神，他也不会成为著名的学者。

· 4 ·

只要不停止磨砺自己的步伐，每一天都让自己变得更好，那么总有一天能把石灰拂去，能让石头变成珍珠，能让原本亮光微弱之处光亮非凡。

这种非凡的光亮，是无法靠天生幸运决定，更无法靠浮夸的表演换取的。

靠演戏来取悦别人，或成为更好的自己，二者就像花朵和路边的石头。花朵全靠短暂的热度作为养料，一旦失宠就易衰败；石头却可以将自己投入岩浆，打磨成钻石，直到其光芒不会被任何人忽略，长久闪耀下去。

我曾遇见你，想到就心酸

· 1 ·

很久以前我看到过一个小故事，故事很短，出自马来西亚新锐导演陈翠梅的《此后》。

有一只妖怪，在山上独自生活了几百年。

有一天，山上来了一个男孩，他对妖怪说："来和我玩，我没有朋友"。妖怪觉得被冒犯了，它愤怒地向男孩喷火，男孩却鼓掌大笑说："你真好玩！"

男孩就每天来看妖怪喷火，妖怪也每天喷火给男孩看。但后来有一天，觉得妖怪喷火好玩的男孩不再出现。妖怪等啊等，第一次感到孤独和悲伤。

也许曾经对某人失望的人们，都会懂其中复杂又落寞的心情。

诗人艾米莉·狄金森说："假如我没有见过太阳，我也许会忍受黑暗。"

一个人如果长期待在黑暗里，没有被关心过，没有被爱护过,也不曾有过幸福的体会,也许日子也就继续这么过下去,无惊无喜,没有期待。但如果在黑暗里的人被阳光照耀过,如果他感受过哪怕一点点偏爱与温暖,那么,接下来的黑暗,又该是多么的漫长和难以忍受……

也许,每个人生命里都会有这么一个人,他的出现点亮了你的世界,就像漆黑的夜空里突然盛放的烟火,璀璨、美丽,带着新鲜的火药气味。你对这朵烫手的花爱不释手,却永远没有办法收藏,没有办法拥有,只能短暂惊艳一场后,看着它渐渐消逝。

好像它的出现,就是为了让你学会悲伤,忍受孤独。

· 2 ·

很多年前,在电脑和手机没有完全普及的年代,朋友大雁有一个笔友。

那个笔友在遥远的北方,她们通过一本教导中学生写作的杂志认识,后来开始互相给对方写信,了解对方的生活。于是在少年时代,她们有了遥远的牵挂。

炎热的夏天学校窗外无穷无尽鸣叫着的知了,重复播放了很多遍还是看不厌的《美少女战士》,偶尔会在窗外路过的清隽少年……情窦初开时最亲近的好友都无从得知的心事,大雁都一一诉诸笔尖,向远方那个面容模糊的好友倾诉。

大雁喜欢看书、写作,她用文字和想象丰富了自己的世界,搭起了和外界沟通的桥梁。

这座桥梁通向的，就是那个笔名叫向日葵的北方姑娘。

她大大咧咧，字里行间都透着北方人特有的豪迈和爽快。大雁在信里忧伤地提起父母带着弟弟进城玩耍而没有带自己后，向日葵就在回信里夹了一张二十元的纸币，写道："别伤心了，这是我的零花钱，拿着在学校里买点儿好吃的。"

收到信的大雁捧着那张二十元不知所措，好一会儿，才眼眶红红地把纸币夹进自己带锁的日记本里，珍而重之地保存了下来。

那是大雁难得体会到的被某个人偏爱的时刻。

她终生难忘。

· 3 ·

大雁和向日葵的联系一直保持着，从来没有中断过。

只是后来随着年纪的增长，她们都有了自己的手机，便慢慢地不再写信，而是用短信和社交网站保持交流。大雁也是那个时候才知道，原来那个笔名叫向日葵的小姑娘，她的真名就叫向日葵。

向日葵不喜欢自己的名字，大雁便亲昵地称她为小葵。

小葵很外向，她大概是大雁终其一生想成为却难以成为的人，像是北方的艳阳，干燥温暖，带着实打实的热度，无时无刻不向外发散着热度。而大雁敏感又内向，所以难免患得患失，悲观到让自己都讨厌。

她们虽然是好朋友，但却是完全不同的人。

大雁说等自己有积蓄的时候，就去北方旅行，去看望小葵。小葵热情地答应下来，展望了一下大雁来之后要带她做的种种事情。两个年轻的女孩子在深夜的电话里打打闹闹，大雁只觉得内心潮湿的角落——被小葵的热度熨干，温暖得不像话。

但后来，大雁终究还是没能去成北方。

因为小葵离开了这个世界。

很久以后大雁才知道，那个在信件和电话里总是显得活力四射的小葵，其实是个白血病患者。

小葵查出白血病后，她的家人尽了各种努力为小葵医治，但终究还是没能将她留在这世上太久。写完最后一封留给大雁的信后不久，小葵离开了人世。

· 4 ·

后来，大雁看过很多次小葵最爱的电影《大话西游》。

每次看到紫霞仙子说"我的意中人是个盖世英雄"的时候，大雁都会忍不住流泪。

她常常会想起那个其实从未在自己真实生活中出现过的女孩，想起那个女孩的喜怒哀乐，想起那个女孩未展开的人生，未实现的梦想，未曾踏着七彩祥云出现的意中人……

小葵离开后，大雁被熨干的心，再度回到了黑暗中。

也有新的人出现，也有大笑的时刻，但所有人都不曾知道，某一天、某一个时刻，这个在他们面前言笑晏晏的人，曾经失去了身体里多么重要的一部分。

斯人若彩虹，遇上方知有。

遇到那个人以后，其他人，都是将就。

原来这样的感情，不只会在爱情里有；原来这样彩虹般灿烂的人，真的在生命中出现过。

以前大雁不懂《生活大爆炸》里的谢尔顿·库珀为什么会那么向往成为一个没有感情的机器人，小葵离开后，大雁懂了。大概对于谢尔顿来说，这样的生离死别也难以承受吧。毕竟，没有感情，就不会害怕悲伤，也不会畏惧孤独了。

大雁见过太阳，后来她的太阳消失了，大雁便不得不忍受紧随其后的黑暗。

但她宁肯自己没有见过太阳吗？不。

大雁在给小葵的悼文里写："我能遇见你，三生有幸。"

世界上两个人能相知相识，本就是一种再珍贵不过的缘分。陪你上车的人，不一定能陪你走到最后。能相互陪伴着走过一程，已经三生有幸。深夜里那朵璀璨至极的烟火，如果看过，总好过世界里只有一片黑暗，从来不曾被惊艳过。

只是想一想，我曾遇见你，又将你失去，想到就心酸。

愿你遇见那个跟你同样优秀的人

· 1 ·

有人问我:"我很迷茫自己应该找一个什么样的人度过余生?"

我想说:"与其说找一个什么样的人陪伴自己,不如仔细思考一下,自己是一个怎样的人,能吸引什么样的人?"

前段时间一位高中同学结婚,我去参加了婚礼。很多人觉得她属于晚婚行列的一员,但她脸上始终满溢着幸福的笑容。

Z姑娘,万千上班族中普通的一员。她从不相亲,亦不愿将就,淡定而优雅地过着一个人的小日子。

她是一个充满活力的女孩。她爱好音乐,所以报了钢琴班,空闲时间会去弹弹钢琴,听听音乐。她还租了一小间花房,养了些她喜欢的花花草草,每个周末她都会去花房里坐上半天,晒晒太阳,静下心来看看书。

听她周围的同事讲,工作中她是个拼命三郎,分秒必争,勤奋努力。但没想到生活中她竟是这样一个温柔贤惠，把自己的生活过得如此精致的女孩。不仅如此，Z姑娘每天早上都会到公园慢跑一个小时，把锻炼身体当成每天早上的必修课。这些习惯让她的生活很精彩，整个人看上去积极又健康，给周围的人带去了很多正能量。

后来她等到了一个和她一样阳光积极的男人，他喜欢各种运动，笑起来很温暖，有种莫名的吸引力。

他也是一个背包族，经常背着包说走就走，只为了多去看看外面不一样的风景。他经常会在旅途中拿着相机拍摄各种美景，走遍好多城市和街道，想来就是为了跟这样一个与他有着相同灵魂的女孩相遇吧。

其实，对的人，多晚遇见都不晚。等了这么久，也许只是为了跟对方说一句："哦，原来你在这里。"

· 2 ·

他们恋爱的时候，一起健身、养花，还在花房看书。只要一有时间，他们就手拉手背着包一起去看外面的世界。

他送给她一个钱包，寓意着"以后我的钱都归你管了"。巧合的是，Z姑娘也送了一个钱包给他，里面放着一张自己的照片，她希望自己能一直陪在他的身边。

后来他们顺理成章地结婚了。

幸福的故事看起来都是相似的。记得有句话是这么说的："一个人过着什么样的生活，就会有什么样的人爱上你。"

的确如此，人与人相遇，不单单是缘分使然，更多的是一种吸引力。你是怎样的人就会吸引怎样的人，你是怎样的人便会遇见怎样的人。

所以，大概她足够优秀，足够耐心，足够独立，才会等来那个同样优秀的人。

我问Z姑娘："爱情的美好在于什么？喜欢一个人的感觉又是什么？"

她说"美好在于能把两个看似全无交集的人，奇妙地糅合在一起，还能让两个人为了共同的未来而努力。而喜欢一个人，就是对方能让你感觉到，遇见对方，是一件值得庆幸的事情。"

· 3 ·

是啊，就如同Z姑娘的故事一样，若你从来没有想到要把自己变得足够优秀，然后再用一颗期待爱情的心去遇见一个人，自然也就无法感受到爱情的美好。

有的人到了一定的年纪，因为家人不断地催促，安排各种相亲，然后遇到一个不那么讨厌的人，就匆匆决定了一辈子。仿佛结婚这件事只是一项必须要完成的任务，只是为了给家人一个交代，给自己一个结束单身的理由，为了结婚而结婚。然而日子并不是看着顺眼,不反感,就能凑合在一起的。如果两个人的生活习惯不同,感情基础也不牢固,每天都吵得精疲力竭,那这样的婚姻还有什么意义呢?

两个人之间的相处模式,无非就是自己觉得自然、舒适就好。

我认识一个女生,她和她的男朋友从大学开始谈了整整九年的恋爱才结婚。

一次我们出去吃饭,我忍不住好奇地问她:"这么长时间的恋爱状态是怎么维持的?时日久了,相处起来不会觉得厌倦吗?"

她很干脆地回答我:"不会呀!我们最好的相处模式就是他玩他的,我玩我的,之后还能聊到一块儿,就这么简单。女孩子得学会经营自己,给自己不断进步和成长的空间。他不主动联系我的时候,我从不急切地追问他的行踪。我始终觉得,女孩可以有自己的生活,努力保持上进的姿态,让自己变得更优秀更独立,而不是把自己的全部生活都禁锢在爱情的圈子中。毕竟内心丰足的人,才能吸引更好的人。"

· 4 ·

所以,人生说到底就是一场又一场的遇见,在这个过程中你会遇见对的人,远离错的人。

你是怎样的人,便会遇见怎样的人;你是怎样的人,便会吸引怎样的人。你可以养你的花,看你的书,保持生活的热情,他也忙着他的工作,加他的班,保持上进的心态。各自有着自己生活的圈子,空闲时两个人也能一起出去吃个夜宵,倾诉一下彼此的烦恼。如此欢欢喜喜、简简单单,大概就是幸福的样子吧!

人间烟火，无一是你，无一不是你

· 1 ·

清明节的时候，我回了一趟老家，给一个故去的好友扫墓。

他的墓碑很普通，材质是刻板庄重的大理石，边角上有淡淡的莲花图案。唯一不同的，是两边凹进去用来放蜡烛的地方，摆着两个已经有点儿褪色的手办：一个是数着大拇指的路飞；一个是戴着帽子神采飞扬的乔巴。这看上去与周围格格不入。

我看着那两个人偶，原本平静的心情，骤起波澜。

读高中的时候，班上的男孩子都很迷一部日本动漫——《海贼王》。

那个时候智能手机没有现在那么普及，加上当时家长们视网络如洪水猛兽，所以学校里有手机的人很少，大家主要的追剧方式还是音像店里或出租或售卖的碟片。

我当时也迷，但是程度没那么深，老登还常常为此批评我。

老登不姓登，姓王，但老登不喜欢别人叫他老王。

"听起来像是在叫我爸。"老登这样抱怨道。

于是名字里有一个登字的他就从某一天开始莫名其妙地被称为老登，开始有点儿抗拒的老登很快屈服在这个绰号之下，渐渐习惯了。偶尔叫他全名，老登都要好一会儿才能缓过神来。

相对于我而言，老登肯定是《海贼王》的粉丝，就连他的课桌都贴满了《海贼王》的贴纸。甚至有一段时间，这个身高一米八的体育特长生最常挂着的口头禅都是："我是要成为海贼王的男人！"

老登在文化课上的表现并不算好，但他为人很好，从来不跟人计较得失，繁重的体能训练后，总记得去学校小卖部帮班里的同学们扛一桶饮用水回来。

大家都喜欢老登，那个时候，谁都没想到他会走得那么快。

· 2 ·

因为身高的关系，高中三年，我和老登都是同桌。

我们一起打过球，一起讨论过班上哪个女孩子最好看，一起逃课出去吃夜宵，甚至还一起养过一只叫可怜的流浪狗。老登把它从臭水沟里捡出来洗干净，藏在我的书包里，带到晚自习的课堂上，最后两个人一起被教导主任带到德育办公室批评，还叫来了家长。

其实我们身上并没有太多共同点，但这并不妨碍我们成为对方最好的朋友。

高中毕业后，老登去参军。

他说自己不是读书那块料，想去军队保卫祖国。

老登要离开前，班里的同学一起去他家吃饭。

那个时候我们第一次见到老登的母亲，纤细、娇小，笑起来嘴边有个酒窝，她非常疼爱老登这个独生子，连带着也喜欢儿子这个年纪的孩子，对我们特别温柔。

老登家的气氛很好，我们也玩得很开心。

后来，老登参军，我读了大学，我们偶有联系。

我没有想到，再一次听到老登的消息，竟是他离世的消息。

那个时候高中同学群里传出消息，说老登回家探亲的时候见义勇为救了一个跳河轻生的女孩，但自己因为体力不支，最终牺牲。

消息传来的时候，已经临近老登的葬礼，所有人都是措手不及，但能赶回去的人，都尽量赶回去参加了老登的葬礼。

而我，因为大学考得实在太远，最终不能成行。

后来，去的人跟我们说，他的母亲，一夜白头。

我无法想象那是怎样的悲痛，只是在同学们发回来的照片里看到阿姨斑白的鬓角时，想起当时和老登在一起的场景，不禁泪流满面。

老登实在是一个太好太好的人，他短暂地来到人间，又离开了。

·3·

老登走后,我慢慢地不再经常想起他。

后来我不经意间在电视上看到一档卫视的节目,内容是一个老人家对好友的寻找。

两个人在节目上重逢的时候,被寻找的老人已经八十一岁,他忘了很多很多事情。

寻人的老人家在台上动情地诉说着他们的过往时,被寻者因为愧疚而失声痛哭,说:"对不起,真的对不起,我真的都忘了……"

但寻人的老人家问他:"你有一个同学在大连你知道吗,他叫什么名儿?"被寻者毫不犹豫地答道:"大连多了,×××嘛!"

寻人的老人家瞬间泪目,喊道:"就是我!"

我看着那个场景,无意识的红了眼睛,然后想起老登,失声痛哭。

我突然意识到,原来古诗词里描绘过的生离死别,真的就是那么残忍的事情。

不知道是不是因为从来没有真正地跟老登告别过,在内心深处,我一直觉得老登还活着。

他活在不能跟我联系的部队里,在蒙蒙亮的天光里出来跑操,在阳光灿烂的山林里潜伏训练,在每一个需要人民子弟兵的地方奉献自己……

有时候人的情绪就是那么奇怪,知道消息的时候我错愕也悲伤,却并没有这样失态地崩溃大哭过。而把情绪这座大缸打破的那块石头,其实跟老登一点儿关系也没有。只是看看那对白发苍苍的挚友重逢,我才意识到,这个世界上依然有山有水,但再也不会有一个老登,笑着哭着在将来的日子里和我重逢了。

后来我会想,一个人在自己生命中占据的重量,到底有多重呢?

也轻,也重,轻到一个转身就没了联系,重到我无论是看山还是看水,都会想起你。

这个世界上两个人擦肩而过是缘分,相知相遇是缘分,但最开始的时候,没人会看见对方的人生会和自己有怎样的交集,也没有人知道这样的交集会以怎样的方式结束。

· 4 ·

杜甫在《赠卫八处士》中有言:"人生不相见,动如参与商……少壮能几时,鬓发各已苍……"

有些人留在心底,你不敢轻易想起,却也永远不会忘记。

聚散离别是常事,唯独残忍的,便是死别。

有时候我会想,老登离开的那一刻,脑海里曾经闪现怎样的画面;有时候我也会觉得,老天为什么那样残忍,明明老登是那么那么好的人,为什么不能给他一点儿好报?时间流逝,老登在这个世上留下的痕迹渐渐消失，他的离去只在亲朋好友身上留下了伤痕。

这个伤痕，可能此生都没有办法消退掉。

而我作为一个朋友，好像什么都做不了，只能用尽全力地去记住他。

他很好，真的很好，作为儿子很好，作为朋友很好，作为一名军人也很好。

可能我在今后的人生里想起他的次数会越来越少，甚至也许有一天，我会像那位被寻找的老人一样，把过去都忘掉。到时候可能都不会有一个人能够提醒我："你曾有过一个朋友，他的绰号叫老登，他很好，灿烂地出现，伟大地流逝，留给世间一段永恒的温柔。"

可老登真的出现过，这世间有过他的痕迹，有过他的亲人朋友，还有他挽救过的生命。

这个世界上已经没有老登这个人存在了，可是在记得他的人眼里，山是他，海是他，人间处处烟火繁盛，都有他的影子，它们都是他，也都不是他。

老登，我想记住你，我一定会记住你，谢谢你曾陪我走过那一段路。我真的很想你。

从此山河远阔，人间烟火，无一是你，无一不是你。

至此，敬礼。

辑四 PART 04

人生没有那么多观众，
不妨大胆一点儿

每个人终将走向平凡之路

· 1 ·

近期在列表里单曲循环两首歌——《一如年少模样》和《平凡之路》。

这两首歌实际在表达同一个内核：在人生持续推进的过程中，人将不可避免地走向平凡。无论曾经有多少雄心壮志，如何把自己当成世界的主角，这一结局终归是无可避免的。就像歌词所唱的一样："冥冥中/这是我/唯一要走的路啊……"

这两首歌又让我想起一部类似的电影——2007年美国拍摄，甚至名字也与《平凡之路》有些相像的《革命之路》。

剧情开始时，男主三十岁，在父亲曾供职的公司做文员。年轻时，他觉得父亲的工作简直是浪费人生："我父亲就在诺克斯工作。上帝，我求你别让我像他那样庸碌一生。"

但现在，他坐在那个多年前父亲坐过的位置上，日复一日地穿着廉价衬衫，经营着自己渺小的生活。这个城市有的是和他相同的人，他的悲欢得不到别人的注意。

于是他和妻子计划了一场疯狂的旅行，目标是他们从未去过的梦想中的巴黎。但计划最终没能得以实行。

日本也有一部电影，名叫《入殓师》。

看名字也知道，主角以入殓师为业。不过在电影开头，主角的梦想却是成为一名大提琴手。为了这美好的梦想，他不惜负债购买大提琴，然而乐队解散加上技艺不精，主角原地失业，只好回到老家山形县苦苦谋生。

就像电影里极力表达、歌里极力歌唱的那样，要接受三十岁还在做文员，接受无比努力却仍离音乐梦想越来越远的自己，要承认这样一个一路告别璀璨梦想走向平凡的自己，是件无比困难的事情。

· 2 ·

我们曾经接受过这样的教育——"天生我材必有用，千金散尽还复来""大鹏一日同风起，扶摇直上九万里""自谓颇挺出，立登要路津"。我们曾经都写过这样的作文——关于我的远大的梦想，关于我想成为怎样的人。我们也时常见到这样的讲座——如何脱颖而出，成为独一无二的成功者。

我们把大部分精力拿来哺育自己的好胜心和渴望，把各方面的成功与否当作衡量一个人优秀与否的标准，为出众而自傲，为泯然众人而自卑。

但这条每个人都会走向的平凡之路，并没有这么可怕，理由有三。

第一点，从普遍意义上说，每个人无疑都是平凡的，但又都是不凡的。

每个人最终都会走向平凡。在法律和国家面前，人人平等；在历史和生死面前，人都只是一抔灰烬和一个名字。

· 3 ·

第二点，平凡是人性中的趋利避害所致。

所有被认为杰出的、成功的人，都曾做出过孤注一掷的决定。

所谓出人头地，也是一场危机四伏的生意，木秀于林，风必摧之；堆出于岸，流必湍之；行高于人，众必非之——高回报之前，必有高风险。人生岔路连绵，有些路平坦且顺畅，一眼看得到尽头，虽没有美丽的风景，但贵在没有跌倒的风险；有些路泥泞坎坷，曲折遥远，深不可测，趟过去的人可能就站在了所有人头顶，但倒在路边的人更多。

大鹏一日同风起，是要承受风险，支付代价的。成则扶摇直上，败则青冥垂翅。所以大部分人在做选择时，会先扪心自问，自己是否承受得起这一代价。

单纯不顾一切地追求梦想与成功，其实大部分人都做得到。困难之处在于，能否就此舍弃安稳的生活，告别安全的道路，能否承受父母的担忧，家庭的挂念。

《革命之路》的主角夫妇为什么失败？因为他们舍不去前半生中的牵绊：努力了那么久终于有所起色的工作，妻子盼了许久才得到的孩子。

追逐理想和成功需要轻装上阵，必须狠心做减法，而安稳的日子是在做加法——更别说减法有可能得到负数。那条安稳的道路，对大部分人来说，反而是利益最大化的道路。

因此，这两条路根本无从谈起好或不好，只是人们各自趋向拼搏或安稳的不同选择。选择安稳，甘于平凡，就要羞愧或恐惧，认为自己辜负了年少的理想和锐气，哪有这个道理？只要对自己的人生负责，日后不会后悔或不甘，那么这条平凡的路，对你而言就是最美的路。

· 4 ·

第三点，甘于平凡，并非甘于平庸。

选择了安稳的道路，并不意味着安稳的路边就没有美景。与平凡和解并非意味着放弃努力，而是在坦然承认自己平凡的前提下，仍然热爱生活，愿意把热情投进大大小小的事——小到养一株花草，大到课业上的成绩。

平庸是选择了一条路又嫌弃它风景暗淡，认为自己失败却得过且过，甚至在这安稳的路上，向前走两步就徘徊不前，觉得抬脚都累。

平凡无可避免，平庸却必须杜绝。这其中的差异正是是否接纳了平凡的自己，是否在接纳后依旧对未来怀有期望。一样是平坦的路，有些人走不出几米，有些人却走得够远。我们努力，不能改变自己平凡的本质，却能够改变自己所处的位置。

正如周国平所说："野心倘若肯下降为平常心，同时也就上升成了慧心。不必平庸岂非也是一种伟大，不拒小情调岂非也是一种大气度？"

甘于平凡而不平庸，本身就是一种伟大。

你不是不合群，
而是不合"他们"

· 1 ·

上周，有位高二的学生读者向我咨询，说他总觉得自己在学校里没什么朋友，跟大多数人合不来，常常一个人孤独地上下课，不知该怎么办。

无独有偶，另一位从事编程的朋友也经常跟我抱怨，说看其他同事三五成群，越发觉得自己特立独行，与周围的人爱好不同，生活习惯也不同，比如热门电影首映，约不到合适的人只得独自前往。不甘心这么形单影只的时候也怀疑，是不是自己出了问题，怎么别人都聚在一起，就自己显得这么不合群呢？

而这个问题绝不仅仅是一两个人的困惑。

从小到大，从一个人独占父母宠爱和所有的玩具，到和同桌分享一个桌面，再到与陌不相识的人住在同一个房间，或许还要睡在上下床铺，我们逐渐从孤身一人进入数个圈子，跨入愈发复杂的交际网。

当然在这些圈子中,有些人热热闹闹,亲密相处,占据团体中心;有些人则默不作声地边缘化,远离人群,在角落里构建自己的生活。

而人们喜欢用一个词来定义后一种人:不合群。

· 2 ·

说到这个词,我不由自主地想起高中时的某任同桌,她和班里大部分女生的主流兴趣并不一致。

同桌半年,我从没见她参与课间团体讨论,也基本是一个人去食堂或回寝室。这一定足够符合大部分人眼里不合群的标准了。

但以我所见,她过得悠闲自在,不必费神去探讨明星、电影、流行歌曲这类不感兴趣的话题,她活得更加轻松。

几年之后,她从欧洲旅游回来,给我带了纪念品和些许外文原版书。

当时恰逢高中要组织同学聚会,她听了我的转达后毫无反应,微微一笑,直言自己不打算去:"一个班几十个人,能聊得来的也就是几个,坐在那里听他们吹拉弹唱,不尴尬吗?不过是浪费彼此的时间。"

我继续问:"基本所有人都去,又是难得的聚会,这样会不会有点儿不合群？"

结果我得到了她一个嫌弃的眼神："我很合群的，但也得看是什么群。比如我会给你带礼物，也会和朋友出门看艺术展，或者找家书店坐一下午。但你让我为了聊不来的人牺牲时间和精力，在我看来就是犯傻。"

我想了半天，没话可以反驳，于是揣好礼物回家了。

至于那个规模庞大的同学聚会，她果然没去，但我被她的逻辑说服，甚至觉得这更有道理。

所谓合不合群，也要看合的是哪个圈子。我这位同桌的确是合不上班里的主流，但那说明不了什么。她也有正常的交际生活，有三五好友，悠闲舒适，难道不比那些硬是挤上去合群的人过得舒心吗？

她的心态恰好是很多人缺乏的，很多人走入了一个误区：当我们谈论"合群"二字的时候，在意的往往是身边的圈子。

上学时，那个圈子是班级；工作时，就演化为单位。可这两个人际圈，只是根据地点、成绩，甚至一些巧合形成的。

我拿到了这家公司的录取通知，恰好其他人也是。

我住在这附近，恰好其他孩子也住在附近。我们年纪相仿，于是进了同一所学校。

所以，这圈子之间的共同之处，不过就是我们拿到了同一个学校或公司寄来的录取通知。

如果把这个巧合抛开，你也可以这么认为——实则大家也没什么关系。

或许在中学时，由于生长在同一座城市，大家有一个固定的共享话题，但这个话题到了大学就消失了。人们来自五湖四海，随机被分到各个寝室，从此就要和陌生人度过同住一间屋子的四年。

无论是室友、同学，还是同事，与自己有相同兴趣且聊得来的本来可能性就不大。所谓"合群"，最重要的是捋清先后顺序：先合后群。

人们是因为合得来，才聚集为一个群体。要是将其颠倒过来，因为想挤进一个群体硬逼着自己装作和其他人合得来，自然得不到什么好结果。这样不仅群体尴尬，自己更会受伤，甚至怀疑自我，觉得自己被边缘化，不受人待见，自己的待人接物也可能存在问题。

· 3 ·

我从来都不否认合群的重要性，当然也理解为何人们常常害怕自己被贴上"不合群"的标签。

我们毕竟是毋庸置疑的群体动物，我们需要与他人交往，更需要那份源自群体的认同和接纳。

2018年，英国广播公司第四台和韦尔科姆收藏馆合作，发起一项"孤独实验"，来自不同国家的很多人参与了调查。这一实验项目的结果随后在《心有所想》节目中公布，它表明在任何年龄段中，孤独对人的影响都无比巨大，对现代人来说，它几乎已经构成了慢性病般的威胁。

节目中，一位接受调查者说："孤独是一种切肤之痛。"

我想，或许正是为了逃避这样的病痛，才有无数人宁愿自行削平自己的形状，也要加入群体。

然而，这样的举动无异于削足适履。

正因为我们每个人都如此不同，如此特殊，人与人之间的差异才往往如此之大。可以说，几乎没有人可以与遇见的每个人都相处甚欢。

我所理解的群体，其实就是一道滤网，它负责把或兴趣或三观合得来的一群人组合在一起，让其中的人可以无隔阂地感受交际的快乐。

而原本过不去滤网，却想方设法硬是挤破头也要通过的那些人，即使临时追求到了那份所谓的快乐，也早与真正的快乐背道而驰。

其实这个道理，古人早就讲过了——强扭的瓜不甜。

"想合群"并不是错，硬要合群则不然。

2006年，有部叫《录取通知》的电影曾在美国上映。里面有一位配角，明明热爱计算机，技术高超，与其他几人是自小的铁团体，却一直向往着另一个"精英团体"。

为此他穿上不合身的衣服，去参加自己毫无了解的聚会，试图拙劣地参与到这一人群中。

结果是被"精英团体"看不起,被当成群体嘲弄的对象。

在影片结尾,他穿着被强迫穿上的玩偶装,被男主一棒子敲醒:"他们根本没把你当朋友,不管你做什么,他们只是在取笑你……就为了一起参加聚会,跟随团体行动?别傻了,你又不是没有真朋友,回到我们中间吧。"

这很像是买鞋,如果需要削足适履,那么这本来就不是我们要买的那双。

尺码一致,大小合拍,步调相同,只有回到这样的人群中间,才能既收获群体带来的快乐,又不至于委屈自己,还能保持自己的独立性。

人一定要对自己的情绪负责。

非要追求在某个群体里合群,甚至简单地以是否合群来评判一个人,其实是毫无道理的价值绑架。除非自己道德人品有亏,否则为了"合群"而轻易地自我质疑,那就是在自己绑架自己。

· 4 ·

就像向我咨询的那个学生,其实他也有玩得很好的圈子,他和喜爱跑团的一群人相谈甚欢,平日里会分享自己的想法,也会彼此安慰苦恼。

那位从事编程的朋友,当然也认识同样爱好漫画、爱好篮球的人。

即使在学校或单位，我们无法找到合适的群体，但并不意味着我们孤僻。我们仅仅是没有在这个群体中找到合适的位置，而这不是什么大不了的事情。

那种无法脱离也无法自主选择的圈子，能否"合群"本来就看缘分，我们没必要强求，更何况即使强求，我们得到的不也只是那个不甜的瓜吗？

我们对于必须参与的圈子，要追求的应当是和谐而非迎合。

只要与他人关系尚可，举手之劳尽量帮助，有趣事也可进行分享，就已经够得上"和谐"一词。

但如果是因为"别人都追的剧我也必须去追，想办法培养共同话题；虽然不喜欢聚餐，但也要主动去，不然怕被背后挑剔"这一类理由而强迫自己做不愿意的事情，就是悲哀的迎合了。

是选择妥协、迎合，甚至强求，得到一群泛泛之交，还是在认识到聊不来以后，干脆放弃这一圈子？

很多时候，我们需要认清和取舍。

或许放弃会损失一些交情，损失一些人脉，失去一些潜在的益处，但这些与自己的舒心比起来，孰重孰轻，才是我们需要厘清的人生意义。何况，没有人天生无群可合。

如果一个圈子试图用"不合群"三个字来绑架你的感受，不要担心，不是你有问题，而是这个圈子真的不适合你。它唯一能说明的，就是你和其中大部分人走在不同的路上，你要结伴而行的队友并不是这些人。

所以，不必用一个和自己没有缘分的圈子质疑、惩罚自己。

大多数时候，你不是不合群，只是不合他们。

而属于自己的人生，从不用在意"不合他们"。

做一个问心无愧的好人，藏锋于心

1

大概我们每个人的身边，都有一个性格特别好的人。

这个人可能是你的亲人，可能是你的朋友，也可能是你不太熟悉的点头之交。他们自带"佛系"光环，口头禅是"随便""都行""没关系"，很少会跟别人起争执，遇到矛盾总是那个在中间调停的和事佬，性格脾气温柔得不行。

我的一个朋友大树，就是这样的一个人。

他在某三甲医院当普外科医生，也许是见多了人间苦难的缘故，读书时还有几分少年意气的大树，工作后便日渐沉稳，性格也越来越温柔随和，抢救病人时风风火火，说起话来却和风细雨，人缘极好。

他微信的签名挂了很多年都没变，始终都是那句：天地为炉，众生皆苦。

而且，大树左手腕上常年挂着一串小檀佛珠，除了临床操作的时候，基本不会离手。

初识时，我问起这串佛珠的来历，大树说，那是自己同样行医的父亲送的。

大树的父亲是用那串佛珠提醒他，无论什么情况下都要保持内心的慈悲，做一个问心无愧的好人。

在工作场合的大树温和耐心，私下里脾气也很好，无论是面对蛮不讲理的成人还是顽劣淘气的孩子，总是心平气和地跟人讲道理，实在讲不通道理就干脆避开。

从我认识他开始，就没见过大树跟人红过脸。

我一度认为大树是个没脾气的人，后来我才明白那只是没碰到触及他底线的事，如果碰到了，他也会拿出自己的态度，做出自己的回应。

2

有一次，我因为一点儿意外在大树家借宿了几天。

约晚上十点，楼上突然传来了响亮的跑跳声，经久不息。

我不堪其扰，大树却显得格外镇定，淡淡地说："楼上住的是一家四口，现在是两个孩子的饭后活动时间，等过一个小时孩子们休息了，动静就小了。"

他习以为常的样子让我格外诧异，噎了半天才问："你没跟楼上家长沟通过?"

大树盘腿坐在地毯上,单手转着佛珠,一边翻看着自己奇厚无比的专业书,一边平静地说道:"不影响我,没必要,何况那是两个小孩子,跑跑跳跳也很正常。"

我一时不知道说什么好,但户主都不计较了,我也不能越俎代庖。

在大树家住的那几天,我每天都能听见楼上的噪声准时准点地响起,几乎要被折磨出神经衰弱来,后来,我很快就搬到了新的住处。

和去过大树家的朋友聊起这件事的时候,大家都显得十分无奈。

有朋友说"家长没素质",也有人说"物业不作为",但话题进行到最后,总能落到"大树脾气怎么能那么好"这个终极议题上来,最后不了了之。

某天我和一个朋友去大树家做客,在电梯里偶遇了那家人。

朋友实在忍不住,非常委婉地提了提噪声的问题,却被对方以"孩子还小不懂事"为由堵了回来,一番据理力争后只收获白眼两枚,别无其他。

两个大小伙子铩羽而归。当夜,大树家的楼板震得格外响亮。

大树当时在改论文,明显被噪声影响,但仍然可以心平气和地做自己的事情,脸上也看不出什么不耐烦的情绪。见我们蠢蠢欲动地要去跟人理论，他还用蓝牙连了音箱给我们放歌听。

· 3 ·

但就是这样一个脾气好到没脾气的人，最后居然跟楼上那家人打了一场官司。

等朋友们听说的时候，事情已经尘埃落定。

让大树爆发的原因是一个车位，这个车位是他买房时打折购入的。因为工作需要长时间值班，大树的车一周有两到三个晚上都不在车位上。

楼上那家男主人不知怎么发现了这个规律，常常趁机把自己的车停在上面。

大树不是不知道他的举动，只是不愿意计较，只要自己需要车位时能停上车就可以了。

有一次大树跟同事换了班，回家时发现车位被占了，他开始也没生气，只是礼貌地打电话让车主下楼挪车，没想到那人在电话里含糊其词，拖了几个小时都不肯下来挪车。

最后，大树给物业打了个电话，让他们强行把车拖出了车库，运到了小区的马路边上。

等那个男主人骂骂咧咧地从楼上下来时，车已经被拖走了。

气不过的男主人找到大树的车位，一脚把他车上的反光镜给蹬了下来，还在车身踹出了几个坑，最后嫌不够解气，居然拎了桶颜料把大树的白车给泼黑了。

第二天上班的大树看着自己的车被糟践成了这样,二话不说就报了警。

派出所出警后,大树提供车载录像,物业提供监控,人证物证俱在,事情的经过清楚明了,警方迅速把那位男主人传唤到了派出所,接受处理。

处理的结果很简单,要么道歉赔偿,要么拘留扣押走法律程序。

大树家境不错,车也相当高档,所以这一通打砸下来,修复需要近十万。

对方无法接受高昂的赔偿金额,大树也拒不接受庭外和解,转入法律程序处理后,最终法院判处男主人两年有期徒刑,并勒令他赔偿大树的经济损失。

· 4 ·

庭审期间,这家人还找到大树的单位去闹过。

虽然大树好说话,但无论对方怎样软硬兼施,到最后也没松口和解。

朋友们知道后都笑他"不鸣则已,一鸣惊人",大树勾着佛珠说:"我是不愿意跟他计较,不是不能跟他们计较。"

"不愿意"和"不能",二者还是有差别的。

大树说:"从头到尾,我都没有做错什么。在一些无伤大雅的小事上,我愿意退让,但既然他造成了我的损失,就该付出相应的代价,没道理要我来承担他情绪失控的后果。凭什么?凭我脾气好?还是凭我是个好人?我想当一个问心无愧的好人,不是一退再退的傻瓜,善良若不长出利齿,就只能被人啃食殆尽。"

庭审结果出来后,楼上那家人搬离了小区,大树仍然住在自己家里,只是楼上多了一位同样安静的新邻居。两个人在电梯里遇到时,会礼貌地微笑示意。

大树还是那个有求必应的大树,形象却悄无声息地改变了。

朋友们还是像从前一样跟他往来,嬉笑怒骂间却多了一些从前没有的谨慎。因为通过这件事,大家意识到大树并不是善良到毫无底线的人,可以相交,却不能造次。

人都是这样,心里先有敬畏,然后才有尊重。

聪明是一种天赋,而善良是一种选择。

我们选择善良,大多数时候不是因为善良能带给我们物质上的奖励,而是寻求精神上的安慰,而善良也是有底线的。

当别人伤害了我们,选择停止无底线的善良,也是一种智慧。

· 5 ·

我记得很久之前有人问我:"我们为什么要做个好人?"

那人是个饭馆老板,好心帮人却被讹,不仅损失了钱,店还被人砸了。

我问他:"如果重来一遍,还会不会做出同样的选择?"他想了很久才说:"大概还是会去,只是一定会提前保留证据,不会让自己再陷入两难的境地。我帮她,只是损失钱;不帮她,良心不安。"

他选择做那个吃亏的好人,不为赞誉,也不为回报,只是不希望自己问心有愧。

其实这个世界上很多人都是这样的,大多数情况下,宁愿吃点儿亏,去做那个问心无愧的好人,也不愿意装聋作哑,成为"不那么善良"的人。

"为众人抱薪者,不可使其冻毙于风雪。"我们都愿意当一个好人,但做好人的代价,不应该是被伤害。

我们都该做个把锋芒藏在心里的人,对这个世界释放善意,做一个问心无愧的人,同时也不允许自己被伤害,必要时,我们可以用那束锋芒保护自己。

如果好人总是受到伤害,那还会有人想当个好人吗?

好人不是步步退让,而该是那个坚守底线,藏锋于心的人。我们的善良,都该有底线,既有锋芒,既能帮助别人,也能保护自己。

我们选择成为一个善良的人,不求得到什么,只求问心无愧,如此足矣。

做一个藏锋于心的好人,才能在对世界释放善意的同时,保护好自己。

你走我不送你，
你来多大风雨我都去接你

· 1 ·

前段时间，偶然间读到白居易的一句诗："行路难，不在水，不在山，只在人情反覆间。"

那一刻，我竟不由得想起之前听人说过的一件事。

壹月有个很好的朋友，叫阿瓷。

阿瓷长得很漂亮，不是一般的漂亮，是一眼能惊艳众生的那种漂亮。她不只长得好，性格也好，善解人意，擅长恰到好处地撒娇，无论何时何地都是人群里的焦点。

但有这样一个好友的壹月却是个很内向的女孩，安静、温和，喜欢看书，爱好下厨，是那种明知自己被占了便宜也不会跟人认真计较的"受气包"，性格相当随和。

两个女孩初中时就认识了，一直到大学都形影不离。

无论在人生的哪个阶段，阿瓷都是特别受欢迎的人，壹月从来都不是她唯一或最重要的朋友。

壹月知道自己和阿瓷之间的关系不对等,她也常常会因为阿瓷的忽略受伤,但无论壹月的心里怎么别扭,只要阿瓷主动找她,壹月就狠不下心不理阿瓷。

她们天平倾斜的友谊持续了很多年,最后在一个阳光灿烂的夏天戛然而止。

那天壹月急性阑尾炎发作,剧痛中,她自己打电话叫了救护车。

壹月打电话给阿瓷,想叫她陪自己去医院,却被反复拒接,直到壹月送进医院做完紧急手术从麻醉里彻底清醒过来,阿瓷才轻描淡写地回了一条微信:"我在外面,不方便接电话。"

阿瓷甚至没有问一句,她那么着急,是不是有什么事?

一直到壹月出院,阿瓷都没再联系她,终于打电话过来却是因为被朋友放了鸽子,半撒娇半强迫地让尚需清淡饮食的壹月陪她去吃重油重辣的重庆老火锅。

· 2 ·

壹月和阿瓷在电话里吵了一架,应该说是壹月单方面地宣泄情绪。

她几乎崩溃地哭诉着自己的委屈,阿瓷只是沉默。

壹月哭着哭着,突然觉得这样的自己就像个哭闹着管大人要糖的小孩子，无论怎么真情实感地流泪，在大人眼里都是个黔驴技穷的形象，无济于事。

何必呢，何必去乞求那些不属于你的糖果呢？

那些糖果就算拿在了手里，尝到了它的甜，又怎么样呢？

它不是那个人要给你的糖果，你尝到的甜是你争来的，抢来的，用难堪的哭闹换来的，那个被迫给你糖的人，只是想用这颗糖换你不再撒泼打滚而已。

你以为自己是唯一，其实不是。

你以为自己至少是特别的，其实也不是。

谁说友情里就没有嫉妒、占有欲、患得患失？

我们每个人一天都只有24小时，那些时间和精力给了一个人，就不能再给另一个人。

在友情里，我愿意当那个看起来吃亏的人，不是因为我傻，而是因为我珍惜你，体谅你，希望能维系和你的友情，我想和你互相支持，成为彼此生活里的一部分。

我以为我是你的好朋友。

就算我不是你唯一的好朋友，最起码我是你朋友里最特别的那一个。

我自以为是你的好朋友，我信任你，支持你，陪伴你，身上有十块钱愿意给你九块，但在我最需要你的时候，一个点头之交尚且能仗义相助，你却做不到。

我以为很好的关系，原来不过如此。

3

社会生活中,人际关系是每个人都越不过的一关。

我们一生都在缔结各种联系,亲情、友情、爱情……只要人活在群体里,就会本能地在意别人的看法,也会本能地想要得到别人的认可。

也许就是因为在意,就是因为渴求,我们才会陷入迷茫。

我们每一个人,面对在意的人时,总是会不自觉地露怯,先在意,先付出。但是只要在意了,付出了,就总会期待回报。

我们都没有办法永远无私地付出,总有那么一刻,我们会想要一点儿回报,如果没有得到,便会失落、难过、悲伤、不甘……

贪嗔痴恨,皆由此生。

周国平曾说:"对于人际关系,我逐渐总结出一个最合乎我的性情的原则,就是互相尊重,亲疏随缘。"

我们都别太高估自己和别人的关系,若一开始没有执着于期望,那么,得到的所有回馈都是惊喜。若有回馈,自然很好;若没有,也不必觉得失落。

生命里有很多人,陪你一时,却不能陪你一世。

没有谁不可替代,也没有谁不会离开。

彼此尊重,不对他人抱太多期望,不过分高估和别人的关系,可以善良,可以热心肠,但与任何人相处时注意保持一定的距离,才能保护自己。

在别人的生活里，我们只是配角。

配角可以增添光彩，却不能喧宾夺主，我们又何必在别人的故事里流出自己的眼泪。

· 4 ·

后来，壹月没再联系阿瓷，阿瓷也没再联系壹月。

她们还保留着对方所有的联系方式，但再也没有联系过对方，也没有偶然遇见过。

壹月和阿瓷默契地消失在了对方的生活中，只是偶尔壹月的妈妈会问起那个长得很漂亮的小姑娘为什么不再来家里吃饭了。每当这个时候壹月总是格外平静，笑着说："忙嘛！"

壹月妈妈渐渐不再问起阿瓷，壹月也有了新的好友，只是这一次，她学会了控制自己。

不再抱有太高的期望，也不再执着于期望，而是尊重对方，保持距离，既控制着自己不要一头热地盲目付出给别人造成负担，也小心着不让对方伤害到自己。

记得有部电视剧里有一句台词是这样的："凡是人总有取舍。你取了你认为重要的东西，舍弃了我，这只是你的选择而已。若是我因为没有被选择就心生怨恨，那这世间岂不是有太多不可原谅之处？毕竟谁也没有责任要以我为先，以我为重，无论我如何希望，也不能强求。"

是啊，我们不能永远像个哭闹的孩子一样，强求别人对自己好。就算强求到了，也不是那个滋味，要来搁在手里，留着糟心，扔了可惜。

在任何情感关系里，我们的真心，都不一定能换来同等价值的真心。最后我们也只能学着释怀，不依赖，不强求，也不高估和任何人的感情。

我一直都喜欢梁实秋先生在《送行》里写的这句话："你走，我不送你，你来，无论多大风多大雨，我要去接你。"

所以，静守己心，不依赖，不强求，足矣。

最好的朋友
从来都不是无话不说

· 1 ·

我家里有个十二岁的侄女,小名叮当,今年刚小学毕业。

小姑娘像所有这个年纪的同龄人一样,正值敏感细腻的青春期,一边渴求着全世界的注意,一边又觉得羞涩怯懦,想要后退着躲避。就如歌词里唱的那样:"只是太年轻了/快乐和伤心/都像在演戏/一碰就惊天动地……"

前段时间,即将小升初的叮当突然以肉眼可见的速度萎靡了下来,无论是说话还是学习都是恹恹的,再也没有往日的活力。

表哥和表嫂找到我,想让我给小姑娘做个心理辅导。

我虽然是叮当的表叔,但两个人的感情也仅限于过年时给红包和接红包的范畴,并没有太多交流,便想婉言谢绝。

但表哥和表嫂很快就拿出了个我无法说"不"的理由,那就是大学时期我曾经有段时间对心理学特别感兴趣,还闲来无事去考了个证回来,算是"半桶水晃荡"的心理咨询师。

当年书本上的知识我早已忘了个干净,但等真的走进小姑娘堆满备考书籍的房间时,却还是心里一颤,仿佛看见了当年挣扎在题海不得解脱的自己。

我沉默了很久,回忆了一下当年备战高考时最大的心愿,不知是对叮当还是对当年的自己说:"小朋友,今天给你放个假,我们出去玩吧!"

· 2 ·

我带叮当出门好好吃了一顿她妈妈从来不让她吃的垃圾食品,又让她在电子竞技城里可劲儿地玩了一圈。举着棉花糖走出竞技城的大门时,叮当哪里还有出门时无精打采的模样,整个人都活跃起来,饱满的脸颊像白里透红的苹果,写满了青春靓丽。

"她这样的年龄,"我不无羡慕地想,"还是能用钱买回快乐的啊!"

要带着叮当回去的时候,我们在马路边上见到了另一群小姑娘,她们穿着校服,手里抱着一堆书本,似乎刚从某个补习班里出来。一看见她们,叮当的表情就变了,哼了一声,迅速钻回车里,双手环着胸,棉花糖也不吃了,只是气呼呼的。直到车开到路上,叮当才哼哼唧唧地说了自己不高兴的原因。

她说:"我和小荷明明就是最好的朋友,可是她过生日的时候叫了班里好几个人,就是没有叫我。我都用自己的压岁钱给她买她想要的那件裙子了,一直都等着她约我去她的生日会,可是我等到最后,她也没叫我!我以为她没过生日,可是上学的时候才知道,原来她过生日了,就是不想让我去……我去问她,她还生气了,说最讨厌我!既然这样,我也不要喜欢她了!"

小姑娘憋着一泡泪,强忍到最后,终于还是大哭起来。

我把车停在路边,耐心等叮当哭完,才仔仔细细地了解了事情的经过。在成年人的目光看来,她们的纠葛当然是小事一桩,根本不值得为之寝食不安。但我也明白,叮当毕竟还没有足够的阅历,这些"小事",就是她们眼中最重要不过的"大事"了。

也许等叮当长大之后,会觉得今天的行为幼稚又可笑,但至少,她现在的痛是真实的。

每个人都是这样成长过来的,因此我很认真地想了一下,怎样才能让这个被骄纵着长大的小姑娘,明白她口中"最好的朋友"曾经被自己伤害过。

· 3 ·

我考虑了很久,才看着叮当,认真说道:"叮当,你知道吗?其实你也有很多缺点。"

叮当一下子瞪大眼睛,看着我,仿佛不可置信般瞪大了眼睛。

我看着她,继续说道:"你是个很没有恒心的人,从小就不爱学习，你爱吃零食，又有蛀牙，成绩又不好。"

小姑娘眼里迅速泛了一层红，再次大哭一场。

我冷静地等她哭完，才说道："叮当，你心里也知道，叔叔说的是'实话'，对吧？"

叮当没说话，继续抽噎着，不肯抬起头来。我叹了口气，摸摸她的头，说："你不喜欢听这些'实话'，那么小荷呢？她会喜欢听吗？你不要用'你是为了她好'这个借口来辩解，叔叔也可以对你说，'叔叔是为了你好，想让你正视自己，想让你变得越来越好'。如果叔叔在说了这些伤害你的话之后，再这样为自己辩解，你会开心吗？你会领情吗？你会觉得叔叔对我真好，真关心我吗？"

"可是……"叮当憋了很久说道，"我没有那个意思啊！"

我一边重新启动车子，一边继续说道："叮当，你刚才说小荷是你最好的朋友，对吗？可你知道什么是最好的朋友吗？最好的朋友是她能把自己的弱点交给你，并且相信你会保护她，而不是自己举起刀剑去伤害她。叔叔知道你说的话是实话，也知道你没有恶意，但是你不能仗着你是小荷最好的朋友，就肆无忌惮地伤害她，明白吗？"

· 4 ·

那天回去之后，叮当对我说："我本来以为最好的朋友，应该是无话不说的。"

我看着她，心里闪过某位故友悲伤的脸，不由拍了拍叮当尚未坚韧的肩膀，然后说："不是的，从来都不是这样的。最好的朋友不是无话不说，而是你明明知道说那一句话能伤害到她，但是你即使再愤怒，再失控，也会选择不说出口。而这，并不是那么容易能做到的。"

小姑娘若有所思地回了家，我在后面看着，怅然若失。

其实，我教给叮当的道理很简单，但即使是我自己也有做不到的时候。人就是这样，对着陌生的人，就可以矜持客气彬彬有礼，但只要对着亲密的人，就会自动地苛刻起来，仗着那一点点自以为是的特殊，试探着底线，得寸进尺，直到两败俱伤。

人与人之间的关系好像就是这样，是脱离不了的一个怪圈。有时候太过亲密，就会模糊那道本来应该切实存在的警戒线，走一步，再走一步，说的人习惯成自然，听的人虽然心中刺痛，却也没有办法开口呼"痛"，生怕说的人觉得，这么好的朋友，有什么说不得？

可为什么能"说得"呢？我们都只是普通人，一一追究起来，谁又真的比谁好，谁又真的比谁优越？我们因为各种原因相识，成为好友，成为至交，这一切是因为我们相处时觉得快乐，而不是为了在亲密后将言语化为刀剑，让对方感到尴尬、惭愧和痛苦。

两个人的关系里，最忌讳的就是一方自认为为另一方好的谏言与付出，说和给予的人理直气壮，听和接受的人则并不是那么欢喜。真正为对方好的人，从来都不是无话不说，而是知道什么该说，什么不该说。

人生辛苦，唯得三两好友，才能多快意几分，潇洒几分。我们又何必非要逞一时口舌之利，伤了那个在岁月中一直陪伴在身侧的人呢？我们实在不必要求好友对自己无话不说，也要控制着自己不要对好友无话不说。

世道艰难，作为挚友，希望彼此开心就好。

与不合适的人生活在一起，才最孤独

· 1 ·

我有一个朋友，2018年年末和恋爱七年结婚三年的丈夫离了婚。

最开始听说这个消息的时候，所有人都很惊讶。

在很多人眼里，这是一对模范夫妻，门当户对，从校服到婚纱，丈夫主外，事业有成，妻子主内，怀孕生子后就做了全职主妇，操持三口之家。

谁都没想到，这样一对璧人，婚后不过三年就离了婚。

朋友很平静地搬离了婚后的住所，独自在城郊租了一间单身公寓，带着孩子搬了进去。

我们借暖居之名去探望她的时候，公寓已经收拾干净，布置得简单而温馨，朋友刚满两岁的女儿在自己的小床里睡着了，即使是最深的睡梦里，脸上也有甜甜的笑容。

朋友的状态很好,眉目间全无婚变带来的阴影,反而显得更开朗。

有人小心翼翼地问起离婚的原因时,她笑着说:"因为凑合不下去了啊!"

基于现实考虑,生下女儿后,朋友就在婆家和丈夫的要求下当了全职妈妈。

她每天都要很早起床,消毒器具,喂养孩子,换尿布,给丈夫做早饭,洗衣服,打扫卫生,买菜,准备午饭,照顾孩子睡午觉,带孩子上早教课,做晚饭,洗碗,给孩子洗澡……

这些用短短几行字就能概括的日程,就是全职妈妈的一天,而这样的一天又一天,朋友坚持了两年。

就是这些看起来不值一提的小事,耗尽了朋友所有的时间和精力。偏偏她的丈夫还觉得,妻子只是在带孩子而已。

· 2 ·

艾里克·克里南伯格在《单身社会》里说:"决定孤独感的并非人际交往的数量,而是质量……"就像离婚的人常说的那样——与一个不合适的人生活在一起,才是最孤独的事。

对于朋友来说,她决定离开,大概就是因为婚姻里的孤独感和无助感。

朋友为了家庭和孩子放弃了自己的事业,她以为丈夫懂自己的牺牲,但他不懂。

好像成为妻子和母亲后,除了这两个身份,她就不应该拥有自我。朋友曾经以为的夫妇分工,在丈夫眼里渐渐成了理所当然的负担。

无尽的误解、争执、冷战后,导致两个人离婚的最后一次争吵,是朋友"双十一"后签收的很多快递。

丈夫愤怒地指责她没有收入却肆意挥霍,用词极重,几近羞辱,还险些动手。朋友当着丈夫的面把包裹一一拆开,里面几乎全都是她给家里囤积的生活用品,孩子的衣物、玩具、绘本,丈夫的鱼竿、运动鞋、过冬的衣物……她为自己买的,就只有一支价值19块9的润唇膏。

这场争吵无疾而终,却让朋友死了心。

她终于直面婚姻里最残忍的真相,也感受到了最绝望的孤独。

这种孤独就好像面对着一堵厚实的墙壁,你自顾自地牺牲自己,改变自己,对着墙壁说话,可是墙壁无动于衷,它不理解你,不会回应你,甚至还会觉得你烦。

朋友情绪稳定下来后,提出了离婚。

两个不久前还亲密无间的人,就这么无波无澜地分开了。

· 3 ·

朋友十分乐观,她说不知道为什么,那种无人依靠的孤独感在离婚后反而消退了很多。也许是没了指望,也不再期待回应,反而能够竭尽全力地面对现实。

婚姻生活里，当一方决定闭上眼睛不再试图理解另一方时，便是无尽孤独的开始。

这种孤独，比面对生活的风雨，更叫人难以忍受。

面对生活，面对生活里大大小小的委屈、失意、不甘心，你也许都可以笑着接受，把身上柔软的地方一点点磨成盔甲保护自己，让自己变得刀枪不入。可在爱的人那里，我们却还是那么容易受伤。

人生而孤独，趋向温暖是天性。

也许，我们一直都是那个孤单的小屁孩，渴望亲密，却也容易被亲密所伤。所以我们一生都在试图摆脱孤独，可悲伤的是，没有人能真正理解我们，我们也无法真正理解他人，即使是在婚姻里，即使是那个要陪你度过余生的人……

对方不能真正了解你，你也不能真正了解对方。

也许我们都需要早早地意识到情感关系里孤独的本质。

孤独是绝对的，最深切的爱也无法改变人类最终极的孤独。孤独与其说是原罪，不如说是原罪的原罪，或许经历过绝对的孤独，才能体味人生的幸福。

人生里，谁都只能陪我们一段路，有些路，我们终究要自己走。

4

一年过去后，2019年的年末，朋友离婚满一周年。

我们在她的新公寓里聚餐，朋友的女儿穿着崭新的公主裙在客厅里蹦蹦跳跳，笑声如铃。

即使生活里没有父亲的存在，小姑娘仍然被母亲照顾得很好，性格开朗，活泼爱笑，引得一群叔叔阿姨十分眼馋，纷纷大叫"又想骗我生女儿"。

朋友重新开始了自己的事业，收入不算高，却足够母女俩生活。

她说等孩子大一点儿，自己会尝试着恢复全职工作，争取让事业尽快回到正轨。

离开了那段婚姻后，随着时间的推移，朋友终于慢慢自愈，不再把对生活的期望寄托在某个人或某段感情上，而是选择完善自己，建立内心的平衡。

像所有母亲一样，朋友也曾担心单亲家庭会对孩子造成影响。但在婚姻里和丈夫互相折磨到最绝望的时候，她想：最坏还能坏到哪里去呢？

抱着这样的想法，朋友离了婚，重新开始。

现在的她，很自由，也很完满。

从朋友家离开的时候，我感慨颇深，意识到不仅走入围城需要勇气，离开舒适圈，放弃一切选择重新开始，更需要超凡的勇气。

走入婚姻是一个选择,离开婚姻也是一个选择。

与其和一个不合适的人互相折磨,选择放手才是更好的选择,在意识到现在的生活不是你想要的生活后,不如及时止损,去尝试另一个选择。

毕竟,与一个不合适的人生活在一起,才是最孤独的事啊!

生活是自己的，
尽情打扮，尽情可爱

· 1 ·

高中时同年级里有个女孩，叫叶子，是忠实的汉服爱好者。

在同龄人还一心学习素面朝天的时候，她已经会给自己扎上漂亮的发髻，配上精致的妆容，坐两个小时的班车独自到市区的体育馆参加动漫大会了。

那时候小县城里还没有汉服的概念，在很多人眼里，汉服就是奇装异服的一种而已。

在以学习为主的高中时代，叶子是个异类，她的爱好也是个异类。

当时学校还没有要求每个学生都必须穿校服，所以叶子偶尔也会穿着自己心爱的汉服来到学校。但每当她这么做的时候，总会有人对她报以异样的眼神，甚至年级里还有人称她为"那个穿影楼装的怪人"。

因为不是一个班的,所以我跟叶子基本没说过话,只是偶尔会看到她穿着汉服静静地在楼道里走过,下楼梯的时候小心地提起心爱的裙子,她旁若无人的神情酷极了。

在所有人都是灰色的时候,叶子是唯一一个敢活出色彩的人。

她喜欢汉服,享受穿汉服的感觉,愿意在汉服上花费自己的时间和精力,遇到有兴趣的同好会变得很善谈,偶尔还会在学校出普及汉服知识的黑板报,甚至还画得一手好画,活得丰盈至极。

这个女孩子,敢坚持自己,敢战胜舆论,敢用自己的"不同"去感染"相同"。

后来高三举办运动会的时候,叶子所在的班级别出心裁地出了个汉服方队。在全校人惊讶的欢呼声里,那个酷酷的女孩笑得格外明亮,也格外幸福。

· 2 ·

我羡慕勇敢的人。

在勇敢的人眼里,别人的看法都是次要的,只有"我"的想法,"我"的感受,才值得"我"关注。

我不能免俗地被迫选择自己完全不喜欢的生活,于是快乐就渐渐变成了奢侈的事情。

我总是在意别人的目光,总是猜测别人的看法,总是不敢做那个与众不同的人。

也许我们都太过自恋，把这个世界当成了时时刻刻都在亮着聚光灯的舞台，总觉得旁人的眼光凝聚在自己身上，所以一举一动，都要逼自己不出错，不出众，不惹人非议。

杨绛先生说："我们曾如此期盼外界的认可，到最后才知道：世界是自己的，与他人毫无关系。"

我们生活在拥挤的世界里，可我们毕生的工作，仍是与自己相处。

你知道自己喜欢什么吗？你的喜欢是人们口中的"大流"吗？如果你是那个少数派，你有勇气在别人异样的眼神里坚持自己的想法并享受自己做出选择后的生活吗？还是你会跟大多数人一样，走已经安排好的路，过毫无乐趣的人生？

也许有一天你会明白，其实别人的想法并没有那么重要，我们凭什么要因为别人的眼神和非议去委屈自己？

生活是你自己的，你的感受很重要。

你可以选择熬夜，也可以选择早睡早起，你可以花一晚上看书拼图打游戏，也可以在忙碌的工作后滚进被窝里，什么都不做，宅在房间让消耗的能量重新回到身体里。

在虚无缥缈的未来面前，不如尝试着选择当下的心安。

问一问你的心，快乐吗？享受吗？

如果答案是肯定的，那消失的时间和精力就不是浪费。

3

其实，在漫长的人生中也好，在普通的日常生活里也好，我们每个人都有成为"少数派"的那天。

我家上下都是坚定的喜酸派口味，惟独我是个例外。

生活里无论是和家人还是和朋友在一起，他们都会尽量照顾我的口味，但他们忘记我不吃酸的时候，我也不会有什么异议，同样希望他们能享受自己的喜好。

每个人都是不同的，我们不必苛求相同。

对于那些与我们不同的人，很多时候我们甚至不必给他们多少支持，只要保持适当的距离，然后展现出足够的尊重就可以了。

世界很大，人们很忙，你为什么总是把自己的时间花在干涉别人身上？

每个人有自己的生活，每个人都可以自由地打扮自己，可以穿自己喜欢的衣服，做自己想做的事情，理直气壮，光明正大。

很多时候，我们缺乏的就是一点儿"厚脸皮"。

想穿漂亮的裙子，怕别人说自己身材不好；想画个精致的妆，怕别人说自己妖艳；想尝试自己没有涉足过的领域，怕失败后有人在背地里嘲笑……

可嘴巴长在别人身上，无论你怎么做，都有人看不惯你。

我们最不该做的，就是活在别人的看法里。

4

你不必一个人活得像千军万马,但你得像一个成熟的、自由的人,有自尊,有追求,有能栖息的地方,有能战胜世俗的勇气,如此足矣。

每个人都是一本书,书的封皮不能决定书的内容。

我们的经历,我们的故事,我们的闪光和灰暗,都镌刻在思想里,不在皮囊上。

有人喜欢装饰自己的皮囊,也有人不在意自己的皮囊,那是每个灵魂的自由。我们选择了展现自己的方式,不必经由外人评论,只要自己接受就可以。

你应该喜欢自己,因为只有你才知道,你有多独特。

这个世界上有规矩整齐的美,也有怪石嶙峋的美。每一种美丽,都自然会有自己的观赏者。

美丽从来都是主观的体验,每一双眼睛里都有不同的判定,你不能拿着剪刀把所有人的眼睛修剪出相同的轮廓,你也不能用自己的喜好去衡量所有人的喜好。

我们都有欣赏美的标准,不必争一个高低。而我们对不同的审美标准,也不该强求它必须趋于相同,而应该是包容和理解,就算你不能理解,至少不要攻击。

生活不易,让我们尽情打扮,尽情可爱吧!

先让自己有趣，
世界和生活才会有趣

1

工作三年后，浩泽进入了倦怠期。

说是倦怠期可能都不尽然，更准确地说，是进入了死水期。

在相同的夜晚里睡去，在近似的清晨中醒来，吃重复的食物，做看不见尽头的工作……曾经那份初入社会的激情，早已在这单调日常的重复中渐渐退却，生活仿佛慢慢变成了一条一望无际的高速公路，看不到尽头，却能预想到接下来所能看见的路标和风景。

日子是那样平稳、安静、枯燥、乏味，泥潭似的拉着人往下坠。

那些悄无声息流淌过去的时间，不动声色地麻痹着人的神经，让身在其中的人越来越麻木、冷漠。

浩泽的一天和其他人没什么两样，在迟到的边缘打卡，然后上班、工作、下班，偶尔买菜做饭，或点一份外卖，之后打开综艺视频边看边吃，吃好饭把节目看完，接着洗澡，洗衣服，打两把游戏，看一会儿小说，刷一会儿视频，最后在因为熬夜导致的双眼刺痛中沉沉睡去。

第二天在闹钟的响动中挣扎着醒来，开始重复前一天的所有日程。

就这样，三年过去了，浩泽好像变了，又好像没变。

内心深处，浩泽觉得自己其实没什么变化，但是他又明确地知道，比起三年前的自己，现在的他已经失去了一些东西，这些东西不是物质上的，而是精神上的。

他像是失去了那种感知快乐的能力，以及对未知事物的冲劲和热情……

浩泽不确定这是否就是老去，他不敢深想。

工作的薪酬不高不低，生活的质量不好不坏，浩泽就这样单调乏味地生活着，就像微博上某个情感博主描述的那样：没有特别想维持的关系，没有特别想努力的动力，也没有特别想得到的东西，一切都很平淡，走近的人不抗拒，离开的人不挽留，吃点儿亏也懒得计较。

· 2 ·

不知道是不是因为把道理想得太过透彻，浩泽的性格竟变得越来越"佛系"，他常常就觉得工作没意思，生活没意思，甚至这个世界都没什么意思。

直到某天,浩泽工作的单位入职了一个新同事。

新同事和浩泽年纪相仿,在专业方面却已经是可以独当一面的"大佬",所以被短暂借调来单位为项目把关。他的性格虽不算开朗,但工作起来非常专注,会在午休时间看自己带来的书,很少主动和别人交谈。

浩泽的工位就在新同事旁边,所以日常跟他接触颇多。

某次不经意间,浩泽瞥见那本书的页面上全是自己不认识的字母,不由心生好奇,搜索书名之后,这才发现新同事用来打发时间的书居然是法语版的《百年孤独》。

他简直目瞪口呆,对新同事的敬意瞬间上升到了一个新的高度。

新同事毫无炫耀之意,很平淡地说自己学过法语,但是书面阅读能力较差,所以最近在看法语书,因为看过《百年孤独》的中英两版,对书的内容也很熟悉,所以买了法版书研读。

和"大佬"同事成为朋友后,浩泽才发现,这个外表木讷寡言的人,其实有着丰富又自律的生活,过得远比大多数人要精彩得多。

他会弹钢琴,会做木工,有教师证,每个月固定两天去公益书吧做志愿者,目前在线上跟专业老师学油画,今年的目标是能独立画一幅作品。可能有的人觉得,这也太不真实了吧?现实生活中真的有这种既全能又努力的人吗?其实,浩泽之前也这么怀疑，可是这次，他真的在生活中遇见了。

在"大佬"同事眼里，生活似乎从不无聊，他总能找到自己感兴趣的领域。

他很不理解浩泽死水般的生活状态，后来听完浩泽的"没意思"理论后，"大佬"同事对浩泽说："你有没有想过，没意思的可能不是工作，也不是生活，更不是这个世界，没意思的或许是你。"

· 3 ·

"大佬"同事说这句话时语气里毫无贬义，仿佛只是在陈述一个已经得出结论的既定事实。

浩泽看着他很长时间说不出话来，他无法反驳，因为确实如此。

也许在内心深处浩泽知道，其实这个世界很有意思，这个世界上的很多人很有意思，那些他未曾走过的路，未曾了解过的生活也很有意思……没意思的只是他自己罢了。

他选择了一种相对稳定的生活，把自己困在了这种生活的框架里，单调重复的日常消磨了他的热情，也把浩泽整个人的精神状态拖到了谷底。

但这种稳定的生活是罪魁祸首吗？也不尽然。

"大佬"同事和浩泽的工作时间基本相同，可在全神贯注投入工作的同时,他还能抽空学习一门语言,积极学习各种技能,用兴趣作为刺激源,保持对未知事物的好奇心。

那天和"大佬"同事谈完后,浩泽想了很多。

晚上洗澡的时候,他站在浴室的镜子前,看着自己萎靡下垂的五官和日益明显的小肚腩,叹了口气,心想如果一时真找不到喜欢做的事情,那多运动运动总是没错的吧。

于是,浩泽去办了张健身卡,打算每天下班后固定去锻炼一个小时。

惰性起来的时候,浩泽就会往"大佬"同事桌上看一眼,那本法文书放在他办公桌上的文件柜顶,书签已经夹到一半了,下面还放着一叠废弃的稿纸,抄录着一串串法文单词。

是啊,比你优秀的人还比你努力,你还有什么好抱怨的?

浩泽最终在"大佬"同事无声的激励下把健身计划坚持了下来,等"大佬"看完第七本法语书的时候,浩泽已经瘦回了大学时的体重,整个人的精神面貌也焕然一新。

现在的他,身形挺拔,整洁清爽,眉眼干净,让人眼前一亮。

· 4 ·

在健身的过程中,浩泽意外认识了很多有趣的人。

他们来自不同的地方,做着不同的工作,每个人背后都有一段或温情或悲伤的故事。

浩泽在这些有趣的人身上找共同点,也窥见自己不曾生活过的世界,更意识到现在这种自以为单调到没什么意思的生活,其实是很多人梦寐以求的稳定。

他懂的越多,就越为自己的狭隘感到羞愧,因此更加珍惜拥有的一切。

浩泽开始认认真真地经营自己的生活,把发黄的旧袜子换掉,整理自己的衣柜,定期清洗床单被罩,把卫生间里漏水很久的水龙头修好,学着下厨给自己做顿清淡好吃的饭菜……

他学着断舍离,尽量把生活变得简单可控。

闲暇时间,浩泽跟着新认识的朋友一起去打桌球、登山、烧烤,偶尔陪着单位的"大佬"同事一起去公益书吧做志愿者,后来甚至还领养了一只可爱的流浪猫。

浩泽的生活还是很安静,但却多了很多趣味。

他有了职业圈子外的朋友,有了自己的爱好,有了一只毛茸茸的宠物猫,还有了健康的体魄,积极的生活态度,最重要的是,浩泽不再觉得生活没意思了。

原来之所以觉得生活没意思,归根结底,还是空虚的缘故。

你"没意思"的生活,源头是你,是你选择了"没意思"的生活,而不是生活本身没意思。

当你认真地审视自己,对待生活时,才能得到生活回馈给你的正向反应。

我们都是温水里的青蛙,逐渐习惯了舒适的周边环境,如果你不想一直当那个"没意思"的人，如果你想挣脱，想改变，只有咬咬牙，狠狠心，做出改变，否则就只能一直"没意思"下去。

· 5 ·

现在的浩泽仍然"佛系"，对世界也仍然保持悲观的看法。但遇到问题的时候，他不再一味逃避，也不再觉得麻烦，更不再时时刻刻向四周散发着负面情绪。

这个世界有很多不值得，也有很多值得，世界上大部分人都是凡夫俗子，不可能随心所欲地改变世界，我们能改变的只有自己，只有自己面对世界的态度。

如果你没意思，工作会变得没意思，生活会变得没意思，世界也会变得没意思。

如果你妙趣横生，工作会充满趣味，生活会充满惊喜，世界也会向你展现丰富多彩的一面。

我们四周的环境就好像一面镜子，它会如实地映照出你自己的模样，你居住的地方，你工作的环境，你生活的世界……

如果一个人有趣，他周围的世界也会变得有趣起来。

你想看到有趣的世界，你想过一个有趣的人生，往往要从很小很小的事情做起。第一步就是不再拖延，不再逃避，去收拾自己，整理自己生活和工作的环境，转换态度，转换心情。只有你认认真真地生活，生活才会认认真真地对待你。

"做一个有趣且热爱生活的人",这是个宏大的命题,可能很多人都会望而却步。

其实你不需要太过急迫地往那个宏大至极的命题上去靠,你可以努力做出一点儿小小的改变,控制饮食,锻炼身体,整理房间,为自己做一顿干净美味的饭菜……

乔布斯说过:"你不可能充满预见性地将生命中的点滴都串联起来,只有在你回头看的时候才会发现它们之间的联系。"

你改变的点滴,最终会在时间的积累下一点点积攒起来,将你洗涤一新。

做个有意思的人,从很小很小的事情开始吧!

如你心中有光，
道路前方必见阳光

· 1 ·

著名艺术家、作家马修·约翰斯通自二十岁起便深受抑郁症的困扰，因此他和太太共同撰写了《我有一只叫抑郁症的黑狗》，讲述了他对抗抑郁症的经历。

抑郁症，又称抑郁障碍，以显著而持久的心境低落为主要临床特征，是心境障碍的主要类型。

其临床症状可见心境低落与其处境不相称，情绪的消沉可以从闷闷不乐到悲痛欲绝，自卑抑郁，悲观厌世，甚至有自杀的企图或行为……

你看，抑郁症不是矫情，不是玻璃心，它是一种病。

抑郁症像一个人的心和精神得了感冒，它让患者失去了感知快乐的能力，患者会渐渐失去食欲，记忆力和专注力也不断消退，提不起劲儿去做任何事情。甚至，因为大众对抑郁症的误解，这些患者还要拼尽全力把那只"黑狗"藏起来。

这就是微笑抑郁症的由来,你永远不知道那个在人前光鲜亮丽微笑着的人,背后曾经历过怎样难言的痛苦:吃不下饭,睡不好觉,情绪持续低迷,惧怕所有社交场合……

可当有人问他:"你还好吗?"

他总是会说:"还好。"

其实不好,但他不知道该怎么开口,因为低迷成了常态,因为那只"黑狗"总在脑海深处走来走去,让他无法忽视,提醒他根本不会有人关心和在意……

抑郁症就像一块巨石,在别人看不见的地方拉着那个被缠住脚踝的人,往深渊坠落。

更可悲的是,这一切只发生在患者的精神世界里,无人知晓。很多人还没来得及开口求救,就已经放弃了自己,也放弃了这个世界。

· 2 ·

如果把抑郁形容成一个深渊,那么很多人都行走在深渊的边缘。

我身边也有确诊抑郁症的朋友。

她是在高三确诊的,从开始的低迷失眠到身体上的病痛,可谓是饱受抑郁症所苦。

朋友说一开始也是难以接受的,不明白为什么被选中的那个人是自己。突然的低潮，难以控制情绪，日渐消瘦的身体，不经意间涌出的负面想法……最终，朋友选择了向父母求助，去了精神专科医院治疗。

那个时候，朋友已经是重度抑郁了。

因为病情严重，朋友住了一段时间的院，每天规律作息，按时服药，在医护人员的帮助下接受心理辅导，用药物控制抑郁症状。

在专科治疗的干预下，朋友慢慢好转。至今，她还会定期去医院进行心理咨询，日常服药控制。

朋友现在已经心平气和地接受了自己患病的事实，那只名叫抑郁的"黑狗"仍然跟在她身侧，但朋友已经可以正视它的存在，不再把它当成一种耻辱。

其实抑郁症很像生活中存在的慢性疾病，就像高血压、糖尿病，它们均需长期服药控制症状，但只要及时干预，正确治疗，即使永远无法治愈，也可以不影响生活质量。

人们讳莫如深的精神疾病，其实也只是一种病而已。

患病本身已经是一种不幸，精神疾病不该也不能成为大众眼中的"忌讳"和"耻辱"。

· 3 ·

其实我们都会有低潮期，也会有无限质疑自己的时刻。

时间会在一个人身上刻下痕迹，也会改变一个人，成年人想要快乐，需要付出的代价越来越高，我们的快乐越来越稀少，低潮反而成了常态。

随着年纪的增长，我们越来越不愿意去表达自己的情绪，即使心情不好，也只会自己努力调节，甚至说服自己习惯抑郁的情绪，直到抑郁带来生理方面的变化才主动就医。

疾病不是羞耻的事情，精神疾病自然也不是。

我们都需要接受一件事情，那就是肉体健康和精神健康同样重要，在锻炼体魄的同时，我们也要关注自己和身边亲友的精神状态。

如果你觉得自己患有抑郁症状，那么你一定要相信医学的力量，去专业的医院接受系统治疗。

抑郁症患者没有做错什么，只是生病了。

无论是躯体的病痛还是精神的病痛从不挑人，它不会根据身份、职业、财富、声名来挑选患者，当病痛来袭，我们能做的就是正视它的存在，然后想办法战胜它。

但大众对精神健康的忽视让很多人无法发出求救的信号，微笑的武装背得越久，肩上的担子就越难以忽视，有一天那个看起来阳光灿烂的人突然崩溃了……

人们都说："怎么会呢？他看起来每天都那么开心。"

其实在别人看不到的地方，他们与那个黑暗压抑、充满负面情绪的自己缠斗已久，身心俱疲，再也没办法把那只庞大的"黑狗"藏起来了。

所谓的"病耻感",阻碍了很多人就医的步伐。

没有谁规定每个人都必须快乐,也没有谁规定快乐才是正常的、理所应当的。

我们可以去面对自己的不快乐,承认自己的低潮,表现出自己的软弱不是丢人的事情,抑郁或精神问题不该也不会让你成为"异类"。

你可以难过,也可以失落,如果病了,希望你可以勇敢地向外界求助。

《渡过:抑郁症治愈笔记》里说:"未曾患病的人,也许永远也不能体会患者内心的挫败、孤独和苍凉。"

亲爱的,你内心的山崩地裂可能我无法感同身受,但即使作为一个陌生人,我也希望你好好的。

我们可能都不是那么快乐,但还是要照顾好自己。

你要记住,你不是矫情,也不是玻璃心,你只是生病了。

辑五 PART 05

无所求则无所惧,
有所欲必有所慌

请你远离速成模式，开始从零成就自我

1

每次提到"一夜暴富"这个词时，表弟小飞总喜欢跟我开一个流传甚广的玩笑，他说："如果全世界的每个人给我捐一块钱，我当场就能变成亿万富翁。"

这自然是句无厘头的笑话，不过能流传开来，也可能是因为它在无稽之外又极有逻辑，且合情合理。

不积跬步，无以至千里；不积小流，无以成江海。任何看上去巨大、遥不可及的数目，无不是由一个个不起眼的数字慢慢相加组成的。

人生就像是一台计算器，我们反反复复地计算，努力按下按键，试图在最短的时间内用尽手段得到一个最大的数目。

但在计算过程中，人们往往又不愿意采取"1+1+1+…"这样的手段，因为它的效果看上去过于微小，显得又慢又不起眼，甚至有点儿像在做无用功。

虽然我们常常说"坚持就是胜利""勤能补拙"，但真正靠坚持成就自我的人却少之又少。

我们总在期盼着很多事情最好都能有飞一样的速度，这也让刚好与之相反的"坚持"二字，常常化为乌有。

如果你有心留意，你就会关注到网站上关于教学的广告，其宣传词大多被"速成"占据，过去还是几个月速成，现在越发玄乎起来，居然演化到了一周速成——速成绘画、速成建模、速成外语、速成程序员……仿佛只有你想不到的，没有你无法速成的。

这看起来很像人生这台计算器上那些花里胡哨的算式，轻松便捷，用时最短，跨越了积累过程，直接把人领向终点。

我想这也恰好击中了人们心中最薄弱的部分：付出最小的成本，得到最高的回报。人们希望自己的努力快速得到回报，甚至希望付出百分之一的努力，得到百分之百的回报。

· 2 ·

金庸在《倚天屠龙记》里就写过关于速成的情节，是说九阴真经博大精深，原本不能速成，但黄蓉为早日诛杀敌人，总结了几章速成的法门，写在倚天剑的秘籍里面。全书就只有周芷若练了，一开始，这所谓速成的功夫果真令她看上去突飞猛进，以至于让武当七侠之二在面对她时自觉毫无活路。只是这样的错觉没能持续多久，便被觉察出来："原来她功力不过尔尔……比之我们的太极拳功夫可差得远了。"

"速成"二字，原本就意味着没有时间的积淀，没有经验的支撑，没有无数次实践的支持，因此得到的东西自然就打了折扣，徒有其表。

就如市面上的速成班，不过就是用几天的时间传授基础，这些课程是能让学员比一般人懂得多那么一点点，可也只是一点点罢了。他们学习七天，就只能得到七天的知识，丝毫不多得。

这世界上从没有捷径。

我始终认为，想要真正得到某些东西，我们必须俯下身去，回到最初也最朴实的样子，去做简单的"1+1+1+…"的等式。

关于"每日坚持一件小事"，我曾看过这么一个回答：每天坚持用左手写几个字，开始时字迹歪歪扭扭，全是形变，字体更是难以辨认，但任何事情就怕你的坚持，等你持续十余年以后再看时，左手字迹定能与右手一样整齐清秀。

任何与成功有所关联的故事，背后都是如此。

· 3 ·

这世上从来没有一蹴而就的好事，有的只是日复一日的坚持和孜孜不倦的努力。所谓速成，无非就是我们常说的急功近利，一段时间过后，你就会发现这根本无法带来真正坚实的成功。

我们常常走进一个误区：某件事有人做到了，看上去很轻松，所以这就是件轻松的事情，我也可以像他一样轻松做到。这是个很容易说服人的逻辑，但大部分时候，那个看似轻轻松松就把事情解决了的人，很可能暗地里付出了百倍千倍的努力，只不过这些努力他并未示于人前。

就像我在健身房里认识的一位女孩，有一次她给我讲，自己过去对绘画毫无基础，现在只凭着一腔热情开始着手去学，开始时自然画得不成样子，歪七扭八，但她随后给我发了消息，说自己每天都在坚持画一张五分钟的随笔。如此半年过去了，我再看她分享给我的作品时，真的与以前大不相同了。虽然还能看出诸多细小的问题，但笔触生动圆润，和半年以前已是云泥之别。

不仅是他人，我们回过头去梳理一下自己的人生，会发现也是如此。

我们曾经用相当长的一段时间学习开口和基本的拼音，才得以与人交流；我们也曾经跌跌撞撞，一步一趔趄，练习了多少天才能够行走……每个看似轻松自然的动作背后，都潜藏着漫长的努力。或许这努力我们自己都没有发现，但它确实存在。

只是坚持和努力确实漫长。往往路太过漫长，就显得无聊，容易叫人无所适从，因迟迟看不到尽头而烦躁不安。

而这正是人们经常走进的另一个误区：坚持了这么长时间也没看到效果，干脆放弃吧！

4

我在一次读书时了解到,心理学中有个名为"半途效应"的概念。它是指人们在前往目标的中途时,最易放弃和中止。原因正是觉得坚持看不到效果,此时的情感极为敏感和脆弱。不过在想放弃的时候,不妨把当初的自己和现在的自己做个比较,进步和变化一定会有,只是这种细小的变化最容易在日常生活中被忽略,因此,适时地回顾是很好的激励方式。

除此以外,我们还应当给自己定个小目标,再给自己设置一些阶段性的奖赏。

只要及时关注,就会发现没有努力会白费,每一次微小的坚持和重复都意义非凡。

人们常说的"厚积薄发"正是这个道理,只有足够的量变才能带来质的飞跃。

其实,人生说短则短,说长也长,所以我们有足够的时间来重复,沉下心来搭造一座属于自己的罗马城。

如果你也有一个看上去美好而遥不可及的目标,不妨就用每天一次的坚持,一次微小的努力来达成它。

许是每天读几页书,画几笔画,学唱几句民谣,跑一会儿步,或学习新知识,再考个证,这都没有问题。只要我们每天愿意支出几分钟,就可能积淀一个足够大的数目,一个足够耀眼的成功,一次不留遗憾的生命。

看清楚梦想，
时间会给你答案

· 1 ·

前段时间，远在澳洲读研究生的表弟用社交软件跟我聊天。他上来便半开玩笑地问我："到底什么时候来澳洲旅行啊？我等得花儿都谢了。衣食住行，一切都已经为你准备妥当，就等你的大驾光临了。"

我笑着回答："快了，就快了，你等我把新书写完交了稿就过去。"接下来，为了化解我的这份尴尬和抱歉，我转而反问他的近况如何？工作找得怎么样？可没想到的是，他突然就收起了刚刚还很灿烂的笑容，脸上多了一丝无奈和失落。

他跟我吐槽，最近去面试了很多家不同类型的公司，结果都以失败告终。他觉得每次面试时自己都挺坦诚认真的，也不知道问题到底出在哪儿。总之，他现在都开始怀疑自己出国留学读研的意义了，是不是真的没有能力实现自己长期留在澳洲生活的理想和目标呢？

我在稍后劝说和鼓励他的过程中，一下想起了自己当初在大学毕业时一段很有意义的求职经历，我便饶有兴致地讲给他听。

· 2 ·

我至今都记得，毕业之初，我在一场重要的求职面试中被拒绝了。

后来我才明白，问题出在职业规划上。当时面试官问了我一个很平常的问题："你未来几年的职业规划是怎样的？"我很坦诚地回答他："我对贵公司的营销策划工作十分感兴趣。再就是等我工作之后有了足够的能力和积蓄，我还希望做更多我自己喜欢的事情，比如创作。"

我记得那位面试我的前辈是个很坦诚的人，他说："我们公司日常工作强度很大，可能会非常忙碌，如果导致你根本无暇顾及写作，你怎么办？"

我说："没关系的，我相信自己可以安排好时间，在工作和创作之间做一个合理的规划。"

实际上说这话时，我自己是有些心虚的。的确，作为一个刚毕业的年轻人来说，我并不惧怕工作辛苦。但我仍然会对生活抱有一定程度的美好幻想，希望每天能有自己的时间去做喜欢的事情。所以，这其实是一件很难平衡的事情。可是，当时为了得到这份工作，我违心地告诉别人，我可以做到。

前辈说："我们公司涉及的业务，跟你的兴趣其实是两个没有任何交集的领域，所以我估计入职以后，你只能把百分之七十的精力放在工作上，而大部分人则会付出百分之百的精力，你说谁更容易把工作做好？答案是显而易见的。"

所以，面试官当面婉拒了我。

但是走之前前辈又跟我说了几句话，让我至今印象深刻。

他说："年轻人，你一定要想清楚，未来自己想要成为什么样的人。比如到三十岁时，你想要拥有什么样的生活？而你眼下要做的事，是为了你的目标付出百分之百的努力和精力，而不是做一些无用功。记住，人的一生，能真正做好一件事就已经不错了。"

当时刚毕业的我，心里可谓百感交集。一方面反思着面试官的一番诚恳之言，一方面又更加确定了自己的梦想和目标。前路漫长，我必须不断提醒自己：一个人的一生，只能选择一条正确的路，而后一步一个脚印走下去。

· 3 ·

说完我自己的这段经历，我还跟表弟说起了我的一个朋友给我讲的，她在日语课上认识的一个女孩。

那个女孩大学上读的是一个普通学校，同时家庭条件也并不是很好，生活费和平时的花销都是靠自己打工赚来的。这也意味着她如果选择考研，会面临比一般学生更大的压力，因为她没有多余的钱去报辅导班，更没有钱去买很多复习的资料。

可她再三思考后，还是义无反顾地加入了考研大军。她说她想给自己一个更广阔的发展平台，接触到更多优秀的人，学到更多的知识，她不想再做井底之蛙，她想要更好的生活。

她的这些想法从来没有跟任何人说起过，她只是一心专注地追求自己想要的生活和目标，然后为实现自己的愿望努力创造出更多的方法与路径。

我并不是很清楚她积攒力量默默前行的过程，总之，她真的考入了她理想的学校，又在三年后成为该校的在读博士。

当梦想实现的那一刻，就连她自己也觉得是那么的不可思议。她竟然真的用自己的努力和坚持做好了一件事。而在这个过程中，她没有逃避，也没有抱怨世界的不公，她始终执着地追求目标，就这样脚踏实地地向前走着。她一直未曾抛弃希望，所以希望也没有抛弃她。

后来她说："如果你选择了自己愿意为之奋斗的一条路，它就是你的心之所在。剩下的，你只需要相信你能够坚持下来，能够走好这条路，然后默默地努力便好。最后即使你没有达到自己的期望，你也不是一无所获，最起码你在努力的过程中会更加确定你想要怎样的生活，如此一来，你就不再是原地踏步、迷茫无知的自己了。要知道人生也是一样，不进则退。真正做好一件事,是需要足够的耐心去等候的。"

工作多年以后,我渐渐也明白了,其实"坚持"二字并没有我想象的那样复杂,在这个过程中,如果我没有经历挫折便轻而易举地实现了目标,那我可能真的会由衷地庆幸一番,因为有的人是真的要付出比我多很多倍的努力才会做到。如果我暂时被困难绊倒,那我同样也会庆幸,因为我可以比别人多一次学习努力的机会。所以,在你认真做一件事的时候,那也算是一段关乎自我的不断完善的过程吧。

· 4 ·

之前,听一个在杂志社工作的同学说他辞职了,原因是他很羡慕身边的自由职业者,他觉得他们的生活过得特别潇洒,自己也想要过那样的生活。印象中,他已经换了六七份工作了,而上一次辞职的理由是他太喜欢杂志社的工作了,哪怕让他去端茶倒水、打扫卫生他都愿意。我当时百感交集,人生真的有太多条路可以选择了,选择越多,反而想法和目标就越容易搁浅,不是吗?

一个人的时间和精力总是有限的,你要做好一件事实在是不容易,在这个过程中,你总会有一段沉默的时光和一个坚定不移的目标。那段时光里,你要付出很多努力,忍受着所有孤独和委屈,但你从不抱怨和放弃,日后想起时,连自己都会分外怀念和感动。

最后，分享一段我喜欢的话与表弟共勉：

如果你有一件很想做的事情，那么千军万马般的困难也无法阻挠你，同样，如果你不想做一件事情的话，你也会找到千百种的借口来逃避。

当确定了你想走的那条路，就抛下无关的念想和可能性，把全部努力都投入在这一件事上吧。毕竟有句话说得好，所谓梦想，是永不停息的疯狂。

我们都想要自由而有趣的人生

· 1 ·

阿德勒曾经在他的代表作《自卑与超越》里写道:"生命的乐趣正是因为存在诸多不确定。所以,我们活着,便是不断地把这些不确定的事情变得确定。任何结果,经由一定过程得来才变得有意义,否则,便会让人觉得淡然无味。"

看到这句话,我想起曾经的一个大学同学,印象中,他一直都是父母口中的"别人家的孩子"。

在上大学之前我们完全没有交集,我也不认识他,但听熟悉他的人说,高中的时候他的成绩就很好,并且一直都在学生会。除此之外,他的体育成绩也特别突出,早早地就拿到了国家二级运动员的证书。同时他还会拉小提琴,歌唱得也不错,所以学校里大大小小的晚会和活动也总有他的身影。

到了大学,他不仅创办了体育协会,经常组织社团活动,代表学校去参加市里的运动会,还通过努力学习年年都能拿到校级奖学金。

毕业之后，本以为像他这样优秀的人，一定会找一份很好的工作，且有个安定、不用忧愁的未来，但没想到的是，五个月以后，他竟然辞去了一份通过层层选拔和考试才被录用的工作，开始了自己长达三年的行走。他一边用自己的方式探索自己的路，一边享受着这个纷繁复杂的世界。

· 2 ·

我依然记得他在辞掉工作后准备出发的那天，在班级的群里跟同学们宣布这个消息的时候，大家瞬间就炸了。从建群开始，那应该是大家讨论最激烈的一次了。有人佩服他说走就走的勇气，也有人对他放弃眼前的大好前途感到不解。

他决定辞职离开的理由很简单，从小到大，父母把他保护得太好了，给了他很多的经验和安全感。他也在一直按部就班地执行着父母为他设计的人生路线。但是这么多年过去了，不安分的想法一直在他脑子里徘徊。他希望，在一切都是顺理成章的基础上，已经长大的自己也能大胆叛逆一回，去追求想要的自由。

其实追求自由的过程很辛苦，在途中体验酸甜苦辣的感觉，可能只有经历过的人才能够懂吧。

这一路上，他在酒吧当过调酒师，在餐厅洗过盘子，在酒店做过给客人拿行李、开车门的门童，也曾经路边一个人，一把吉他，唱着自己的人生。很多以前他从没想到过的关于生活的琐碎和艰难，都慢慢地朝他袭来。就这样，他在这样的生活里，想尽办法解决眼前的一切困难。可以说，所有的喜怒哀乐，成功和失败都需要他亲身体验和经历。

当然，在这不安分的几年里，他也有很多收获。天南海北的行走中，他交到了志同道合的朋友，听遍了他们的故事，然后也学会了怎样才能找寻到更好的自己。现在的他过得很好，利用自己过去在体育上的优势和平时攒下来的资金，创办了一家属于自己的健身房，并逐渐发展成连锁品牌。

· 3 ·

业余时间，他也时不时地玩着自己喜欢的音乐，还跟几个朋友组了一个小乐队，就这样天天过着精彩而又惬意的人生。

也许，大多数人都觉得，当初放着大好前途而选择辞职太鲁莽也太可惜了，但是谁又能知道，后来的他过得更精彩呢？

这个世界很现实，也很公平，它给我们选择的机会，让我们去改变某些东西。比如说不让未来的生活变成一潭死水，可以以自己喜欢的方式度过自己的一生。

是啊，想要以自己喜欢的方式来生活，这是一个口号，也是一种愿望，更是一种生活的态度。

后来有一次，我去这个同学开办的健身房健身，我们见面聊了很久，他感叹："当初之所以大胆地选择辞职，大概只是想要在二十几岁的年纪里，做自己八十岁时回忆起来嘴角都会上扬的事情吧。"

卡耐基写过一句话："走得最远的人，经常是那些愿意去做，并愿意去冒险的人。"正因为大多数人总在为自己的不努力找借口，才会让困难和挫折摧毁了你的情绪和行动力。

· 4 ·

每个人的生活里，总是会有很多让自己想挣脱束缚的时刻，甚至是某些阶段。那种状态下的感觉真的很复杂也很纠结，掺杂着一点儿慌乱，一点儿无力，一点儿不甘心，还有……但是你要努力去改变，遇到再多的质疑也不随意放弃和妥协。

要我说，人生最坏的结果，又能坏到哪里去呢？哪怕你在最困难的时候，也仍然能够做很多小小的有意义的事情。

失恋的时候，心情再怎么低落，一旦同事特意打来电话，谢谢你前几天帮忙整理的文件，你仍然能豪爽地说一句："没事儿，不客气！"

失业的时候，生活再怎么捉襟见肘，你仍然能左手端着一碗几块钱的泡面，右手操纵鼠标，点开一个个招聘网站，一点点地完善简历。

其实，你依旧可以在这一件件微不足道的小事中获得成就感,然后继续忠于自己的内心,忠于自己的选择,全力以赴,享受不安分的人生,不是吗?

所以,在时间还来得及的时候做些自己喜欢的事情,把不确定变为确定,并没有错。那些不安分的执念,如果你也一样拥有,那就请继续坚持,一路向前。

打不倒你的，
终将使你更强大

· 1 ·

这篇文章起笔的时候，我正坐在图书馆里读史铁生的《病隙碎笔》。内容大多关于生死，关于命运，关于苦难和爱。

不过听和说都容易，做到却难，史铁生之所以在文坛地位斐然，是因为他不但深谙"听"与"说"的艺术，还真正地体会过常人一辈子都遇不到的苦难。

打不倒你的，终将使你更强大，这话固然不是史铁生说的，但用来形容他倒很合适。

当然，对于我们来说也一样合适。失败带来经验，经验带来蜕变。

譬如我的一位朋友，前段时间刚解决了教师入职，然而她在小学时，离抑郁症只差临门一脚。

现在想来，症结很多，但主要病因在于什么都能打倒她，放到现在来说，就是干啥啥不行，认怂第一名。练跳舞，太累太苦，一个月后哭着放弃；考试成绩，稍微考不好就心理崩溃，觉得自己不聪明，比不上隔壁家小孩儿。

她尤其畏惧讲台，畏惧人多的地方，特别是台下黑压压一片人的时候。

她对我讲过当年的两次尝试。一次是班里报元旦节目，她被朋友拉着报了个日语歌，结果学是学会了，彩排时瞧着下面满脸好奇的同学们，却连脚都抬不起来，既然主唱之一上不了场，最后这节目只好不了了之；一次是英语演讲，她熟练背诵了两大页稿子，上台握住话筒，可面对十多个评委老师，紧张得差点儿摔跤，磕磕巴巴地背了大概半页，脑子一片空白，实在想不起后续，于是假装镇静地开始背新概念课文，这当然是不允许的，于是演讲又以失败告终。

这两次失败让她确信，她不适合人群，尤其不适合讲台。

如果是一群人一起表演，她尚且可以接受，但要是一个人站在台上，一对多地接受那么多目光的洗礼，她就不仅是大脑短路，连手脚都不知道该往哪里放了。这种谨慎、敏感，近似于自卑的天性，对她而言似乎无法改变，所以她向来避免需要交际的场合。

· 2 ·

这大概就是她半年前的想法。

她还对我说，后悔自己当初上大学时报了师范专业，她觉得自己根本就没办法胜任教师这个岗位，一个讲台都不敢上，拿着话筒就会手脚僵硬的人，怎么可能做这个工作呢？尤其是在她奔波面试的时候，每一次试讲都不满意。她提问学生时，自己的声音都是颤的，因为紧张导致思绪空白，一句话会重复两三次。

她甚至开始向我质疑般地询问，她是不是天生就不适合教师这个行业？非要一个性格孤僻的人站上讲台，这不是为难自己吗？但我又能从她的话中听出不甘。

我知道从事教师这个行业是她从小的梦想，在我们面前，她没想过从事别的职业的可能性，不过她也没想过教师对她而言如此之难，就连坦然地接受学生和听课老师们的目光都难以做到。

两个月之前，她在实习学校试讲完，惯例被拒。她差不多已经放弃了，开始给辅导机构投简历。然后一位从事教育行业的她父亲的朋友打来电话，简单聊了几句后说："别放弃，再试试。"于是她和对方抱怨，自己根本不适合这一行，她已经讲过很多节课，但结果都一样。

前辈的回答大意是：从第一节课到现在，如果你毫无进步，那我就不劝了，说明你确实没有天赋，但如果你比当初好了一些，哪怕就比第一次出色一点儿，那也说明你学到了东西，你在不断进步，说明你并非不适合这一行。别放弃，再试试，或许下一次就成功了。

她结束通话后，听从了这句劝告，推掉了辅导机构的面试，找了一所新的学校。而非常戏剧化的是，这一次，她成功留下了。

确认入职以后，楼上年轻的物理老师偷偷告诉她："你那天试讲的课，我们办公室的语文老师去听了，回来一直在夸你，说你讲得特别好！"

这话让我朋友一时语塞，甚至有些不敢相信，于是微笑着搪塞了过去。

她回家之后从第一节课捋起，回顾到最后这节试讲……确实，虽然她仍旧紧张，转身写板书的时候手都有些不稳，但底下的人已经几乎看不出她不自然的那面了，甚至有听课老师夸她"临场反应快，控场能力强"。

而这些正是她曾经的弱项。

我发现她的亲身经历也恰好切合那位长辈给予的忠告：她无数次面临站上讲台展示自我带来的恐慌，而且无数次地被它打倒，假使她一蹶不振，从第一次试讲失败起，就干脆放弃了下一次尝试，那么"教师"二字对她而言，就永远是遥不可及的梦。而正因为被反复打倒之后还有站起来的欲望，这种欲望让人不服气地观察对手的举动，累积下经验，用反复尝试为自己铺路。她学会适应那些让她不自在的目光，或者起码装作适应它们，当经验逐渐上涨，超过一个阈值以后，曾经坚不可摧的那道屏障，好像轻轻一推就倒下了。

如果障碍并没能打倒一个人，或者说它没能把一个人按死在地上，那么，这个人终得变得更强大，转身来战胜障碍。

· 4 ·

这和玩游戏岂不是一个道理吗？有些关卡看上去格外难，Boss的数值格外高，但通过连续不断地练级，最后它们也不过如此。

人生也与此相似。患上重症导致残疾的史铁生是如此，我们每一个人亦是如此。

在障壁面前不言弃，不服输，原本就是一种自我救赎，它证明一个人还有心气，还有希望攀登过这座难关。

而这种救赎只有自己能赋予自己。因为要在第一次失败后站起来，需要的不是其他，只需要有屡败屡战的气势和绝不认输的孤勇。

高不可攀的障壁，打不碎就是让人心生绝望的铜墙铁壁，打碎了就是下一个台阶前的垫脚石。

倒下不是耻辱，站不起来才是。一切打不倒你的，都将转化为你的养分，攀登、超越，然后登临。

热爱，可抵岁月漫长

· 1 ·

大概半年前，我的朋友小玉，迎来了自己毕业五年后的第十三次辞职。

这五年里，她写过剧本，做过白领，开过奶茶店……对小玉来说，她好像没有办法长时间从事一个职业，也没办法长时间留在一个城市，在大多数同龄人选定一个城市打拼的时候，小玉已经走遍了很多地方。

在很多年轻人眼里，小玉很酷，在别人为朝九晚五的无聊日常所困的时候，她永远都在路上。而在父母长辈们眼里，小玉的"酷"，又成了不稳定和没前途的典型代表。

当同龄人背着车贷房贷准备迈入婚姻生儿育女的时候，小玉还在尝试着探索自己的内心世界，试图找到一个能为之燃起热忱的职业，建立起生活与梦想的平衡。

只是兜兜转转这些年，她好像一直没有完成自己的目标。

小玉辞职后，和我们几个朋友小聚，送她回酒店的时候，小玉问我："你这些年忙着写作、做自媒体、出书……你是怎么确定自己想做这个职业，想走这条路的？"

我想了很久，才发觉自己似乎不曾认真思考过这个问题。然后我说："最开始是因为喜欢，最后是因为习惯，有些东西不仅是你谋生的手段，时间久了，它会渗透进你的生命，构成你这个人的一部分。"

小玉说："那你就没有过想要放弃的时候吗？"

"当然有，只是如果你曾为某件事或某个人熊熊燃烧过自己的生命，付出过无数的时间和精力……那么，即使只是有那么一点儿放弃的念头，你都会斟酌再三。"

· 2 ·

约翰·列侬曾说："上学时，人们问我长大了要做什么，我写下'快乐'。他们告诉我，我理解错了题目，我告诉他们，是他们理解错了人生。"

他觉得快乐是人生的关键，但问题在于，穿越风雨后的人是很难快乐起来的。

如果说生活是一条顺流而下的河流，那么每一个为了生活而拼命努力的人，都是逆流而上的勇者。

这个世界上有很多人为了谋生做着自己完全不感兴趣的职业，也有那么一小部分人，有幸把自己的热爱变成职业，并且愿意为之奋斗终生。

我勉强可以算是后者——把热爱变成了职业,让它成为我生命的一部分。

毫无疑问,我是幸运的,但我为自己所热爱的事业无限付出的时间、精力以及长久以来的坚持,无疑也曾使我疲惫不堪,甚至让我数次有过想要放弃的念头——也许我并不适合这一行,也许我在别的地方可以做得更好……

每一个人都是肉体凡胎,每一个人都会有无能为力到质疑自己的时刻,我也不例外。

但在放弃的念头生出的时刻,哪怕只是一瞬间,我都会想起自己曾经付出的一切,读过的书,熬过的夜,敲打过的键盘,清晨一杯又一杯温热的咖啡……我从未想过最初的热爱会成为我人生的一部分,我很自豪曾为它熊熊燃烧过。

很久以后我回望这段人生,也许会有很多遗憾,但我会永远记得,在这段岁月里,在这段可能没有多少人对我投以目光的岁月里,我曾动情地燃烧过,为了不肯妥协的灵魂,为了答谢短暂的青春岁月。

· 3 ·

当小玉离开的时候,我们去送她。

临上飞机前,小玉跟我说:"我还是不知道能让我燃烧起来的热爱是什么,也许我只是喜欢那种走在路上的感觉……我不知道自己能走多久,能走多远,但希望能一直走下去,看见未曾看见的一切。"

小玉开始了自己的又一段漂泊,但是这次,她有了坚持的勇气。

小玉在一个杂志社成功应聘了实习摄影师的工作,日常仍然是四处奔波,但她总算在地图上有了个能回去的坐标,而那些奔波,因为被相机一一记录下来,而有了意义。

前段时间,小玉在微信群里说杂志社要拍一期高原主题的照片,她要去趟西藏。

朋友们担心她的身体,小玉却表示自己曾有高原行的经验,所以才被破例选进了这个工作小组,她的字里行间对即将开始的行程充满了期待。小玉大概也没有想到,多年前的心血来潮,会为多年后的自己埋下一个彩蛋。

后来,我在微信朋友圈里看见她发西藏之行的照片,高原、雪山、庙宇、石头缝里倔强生长的粉色小花,还有围着围巾冻出两坨高原红的小玉,她在明亮的天光下笑得特别灿烂。

那是我第一次感觉到,这个曾经迷茫的女孩,在动情地燃烧。

她曾迷失,也曾落入低谷,但当她找到自己的方向,望见自己的热爱,便愿意拼却一切。为了沿途的风景,为了热爱的一切,她愿意燃烧自己,毫不犹豫。

4

我们每一个人来到人世间,都不知道未来会怎样。

是碌碌无为还安慰自己平凡可贵,还是战胜世俗,冲破藩篱,为了那颗不可妥协的灵魂,成为那个在大众眼光中不那么成功却充实快乐的理想主义者。

年轻总是伴随着贫穷,两手空空,不知该拿什么兑现一个完满的生活,我们都不知道,要怎么样才能实现想实现的理想,留住想留住的人,过一个没有遗憾的人生。

但我想,我们的一生中,总该为了点儿什么燃烧一次吧?

可能是一个不被支持的选择,可能是一个人,也可能是一个看起来很可笑的理想……

有时候,我们也许都应该在无人注目的黑夜里,悄悄叩问自己的心灵,问它:"你想要什么?你有多想要这个东西?为了这个东西,你可以付出到什么地步?是这样继续放纵自己,还是打破现状,去争取那个万分之一的可能?"

也许,归根结底最后的问题只有一个——你愿意为了什么而不顾一切地燃烧?

多年前,少年的我因为喜欢足球,喜欢巴萨,看过一本名叫《美丽巴萨》的书,书中有一段关于燃烧与热爱的话,我至今都还记得:生命中的险恶没有什么恐怖,生命中的寂寥没有什么悲愤,生命中的放纵没有什么缺憾,生命中的痛苦与埋没无关……

关键是即使在始终无人注目的暗夜中，你可曾动情地燃烧，像那颗不可妥协的灵魂一样，为了答谢这一段短暂的岁月。

热爱，可抵岁月漫长。

我只愿你，无论如何有那么一次可以豁出自己，为了自己那颗不甘平凡、不可妥协的灵魂，关关难过关关过，夜夜难熬夜夜熬。

万般皆苦，不如苦到底，烧成灰，也比庸碌一生，老去时无当年勇可提只徒留悲叹来得壮烈。

不动声色的善良，最动人

· 1 ·

几年前，在意大利学习美术史的小双邀我去佛罗伦萨旅行，我欣然前往。在我离开佛罗伦萨前的最后一晚，我们在当地的一家咖啡馆里久坐，无意中我们聊起了善恶，我说我很喜欢20世纪法国诗人瓦雷里的一句话："世上没有什么比善意更为伤人"。

小双说，她也特别认同这句话。没过多久，她便感同身受地给我讲起她的高中同学伊一的一些过往。

那时候的伊一很瘦，经常穿着校服，性格内向，平时很少跟同学说话，总是独来独往。

在热闹的班级里，她显得格外沉默，没什么存在感，总是躲在无人的角落，不愿意跟别人有任何的眼神接触。

小双因为生病缺席了军训，开学后才和伊一坐在了一起。

伊一从来不主动跟小双搭话，偶尔小双问她问题，伊一的回答也特别简洁，浑身都散发着拒人于千里之外的气息，看起来特别不好相处。

一个学期过了一半，小双跟伊一说过的话依然屈指可数。

就在小双几乎要放弃和伊一成为朋友的时候，有一次，她犯了低血糖，晕倒在早操时的操场上，是瘦弱的伊一背起比自己还重的小双，一路狂奔到了医务室。

小双醒过来的时候，伊一还在床边陪她。

炎热的天气里，伊一坐在床边背英语单词，瘦弱的背脊上还有浅浅的汗迹。

小双也不说话，就这么安安静静地听着伊一背书，过了一会儿，才跟回过头的伊一对上眼神，两个人尴尬地面面相觑了一会儿，突然都笑了出来。

这笑来得莫名其妙，却成功地让伊一放下了心防。

从那之后，小双和伊一才算正式成了朋友。

小双是家里的独女，最会"得寸进尺"，一察觉伊一不像想象中那么难以接近，就总爱缠着她说话。久而久之，伊一也不再总是拒绝小双，开始回应她的示好。

两个很快成了闺密，亲密到几乎形影不离，做什么事都要拉上对方一起。

小双也是这个时候才发现，伊一不高冷，也不难相处，相反，她善良到有些笨拙，会用那种特别朴实的方式对人好，也常常会对他人给予的善意感到手足无措。

· 2 ·

和伊一相处久了之后，小双才察觉到她内向的原因。

伊一的家境不是很好，或者可以说，是非常不好。

她在食堂总是打最便宜的菜，总是穿那两身洗到发白的校服，两双鞋子穿到磨穿了鞋底还舍不得扔，从不参与班级里需要平摊费用的集体活动……

小双隐隐明白了伊一瘦弱的原因，这对吃穿不愁的她来说，几乎是无法想象的事情。

那时小双还不太理解伊一的处境，却意识到对于伊一来说贫穷是件难以启齿的事情，所以善良的小双从来没在伊一面前提起自己的发现，只是会在暗中默默地照顾她。

零食、牛奶、水果、文具、食堂里的肉菜……那些小双要"大小姐脾气"不要的东西，总会悄悄地在伊一身上出现。

伊一对小双也很好，像个稳妥的大姐姐一样照顾着小双，心里总是惦记着她低血糖的毛病，从来不买零食的人口袋里总藏着几块水果糖，以备小双的不时之需。

两个人感情越来越好，甚至连小双爸妈都知道了伊一的存在。

后来的某一天，伊一突然被班主任叫到了办公室，回来的时候脸色苍白，即使多年后，小双都难以形容那一刻她眼睛里绝望的哀凉。

伊一什么都不肯对小双说，甚至开始逃避她。

小双不知道发生了什么,但很快她就知道了。

在学校周一的升旗仪式上,校长宣布了获得企业助学金的学生名单,获助的学生一一上台演讲,将家庭面临的困境用煽情的文字一一念出,然后表达对企业捐助的感谢。

· 3 ·

伊一站在升旗台上,眼神安静地落在地上。

她看上去格外平静,小双却知道,伊一身上有些东西,那些看不见的东西,被打碎了。

这场捐助仪式对其他人来说,可能只是一生里普通的一天,甚至连起伏都算不上。但对于伊一来说,却像是投入湖中的巨石,将她刻意营造出来的平静砸成泡影。

班上的同学开始关注伊一,老师们提起伊一时脸上也会露出同情的神色。

而伊一越发安静,渐渐变成了最开始沉默寡言的样子,最后甚至话都不愿意跟小双说了。

小双做出过很多努力,但都没能让伊一开心起来。很快她们因分科到了两个班级,交集更少。直到高中毕业,伊一才写了封信给小双。

那封信里有一句话,小双记忆犹新。

伊一说:"也许谁都不会相信,善良也有锋利的一面,能将人割得体无完肤。"

如果可以选择，就算过得再拮据，伊一都不会接受那笔捐助，但她的家庭容不得伊一保留那一点儿脆弱的自尊，所以她就只能被现实逼迫着，在他人面前展现自己的窘迫。

同学们善意的眼神太多也太重，伊一无法承受，只能封闭自己，选择不向任何人敞开心扉，成为人群外的独行者，逃开人群或同情或怜悯的目光。

其实施和受的人都没做错什么，只是善良有时候太沉重。

后来，小双再也没有见过伊一，而她始终牢记着，向困难的人伸出援手时越安静越好，因为有时候你的善良，对别人来说可能是一种负担。

· 4 ·

古人云："善欲人见，不是真善；恶恐人知，便是大恶。"

善良不该是一件刻意做给别人看的事情，有时候，一些不恰当的善良，一些过度的善良，可能会把那个已经身陷困境的人伤得更深。

我们期盼这个世界上有越来越多的善良，不是大张旗鼓的善良，而是不动声色的善良。

我记得曾在网站上看到过这么两件事：一件是在地铁上，有个男孩子一边看手机一边用脚帮坐在轮椅上的残障人士卡着轮椅；一件则是在公车上，年轻的妈妈背着孩子坐在前座，孩子睡着了，坐在后座的女孩不动声色地从椅子的缝隙里伸出手，托住孩子后仰的头。

他们的表情格外相似，是那种毫不把自己的善行当回事的平淡。

西安的某些高校通过大数据分析学生的刷饭卡数据，筛选出需要帮助的学生，悄悄地将补助金发放到贫困生的饭卡里，既帮助了真正需要帮助的人，又保护了他们的隐私和自尊心。

你看，其实我们可以做得很好，我们可以在对这个世界释放善意的同时，不戳破他人的难堪。

那些身在困境的人，不是自己选择要陷入困境的，我们这些有余力向他们伸出援手的人，只是比他们幸运一点儿而已，并没有不同。

这个世界上有很多善良的人，我们生活的世界从不缺善良，缺的是不动声色的善良。

很多时候，我们选择善良，是为了让自己安心。可如果我们的善良造成了别人的痛苦，我们还能安心吗？

真正的善良不是刻意的同情和施舍，不是自我感动式的关心和付出，而是心怀善意，带着尊重和理解去推己及人，去理解别人的处境，而后恰到好处地给予帮助。

我帮了你，你不必知道，我本来也不是为了让你知道才帮你的。

· 5 ·

诗人瓦雷里曾说:"慈善之举的核心内涵,不仅仅是出于对被救助者的一种物质救助,它还应该包括对被救助者尊严的一种维护。"

人生路长,何其曲折,我们都会有需要他人援手的一天。

如果陷入困境,你是希望有人敲锣打鼓地来"施舍"你,还是希望有人能不动声色地扶你一把,给你从泥潭里挣脱的力气?

世界上很多事情,但凡设身处地,就很快能得出答案。

人世间种种往来,无非就是一个很朴素的道理——你希望别人怎么对待你,就先怎么对待别人。

我们都是平凡人,可能一辈子也不会有什么轰轰烈烈的壮举,那些悄悄释放的善意,很多时候都不会给你带来什么回报,甚至还会有人在暗中说你愚蠢。

善良不是愚蠢,而是选择,是明知现实的无奈,仍旧愿意温柔地对待他人。

如果你的善良发自本心,又何必去追求别人的喝彩声呢?

不妨就把一次次的善行当作一枚枚硬币,做一次,就存进储蓄罐一枚,这些或大或小的善行,总有一天会为你兑换出大大的惊喜,在那之前,你需要等。

不仅要等,还要安静耐心地等,如果喧哗声太大,惊喜可能就没了。

人性本善，我们选择为善，可能得不到什么，却能无愧于心。

蒲松龄曾在《聊斋志异》中写道："有心为善，虽善不赏；无心为恶，虽恶不罚。"

这句话就如同它的字面意思一般，说得再通透不过。

善行若是发自内心，不必刻意，不动声色之处才更显动人。

愿你内心明媚有光，永远对爱情怀有希望

1

苏婉今年三十岁了，长得像个南方姑娘，娇小玲珑，就像她的名字一样，温婉里又透着率真可爱。

但她又的的确确是个外柔内刚的女孩子，现在还总是笑着念叨："我怎么就没有男朋友呢？"之所以如此，是因为她对工作太拼了。大学毕业以后就留在北京，做着跟她所学专业完全不相关的工作。

我有时候会问她："明明一个中文系才女，写写文章、读读书多轻松，干吗非要转行从事金融行业？"

是的，苏婉现在从事证券工作，做客户经理。毕业后几年的时间，她从一个什么都不懂的初级销售，做到了现在全营业部的业绩第一。

当别人晚上早已下班回家，或者跟三五好友约着一起吃火

锅、逛街、看电影的时候，苏婉要么是在公司加班，整理客户资料，做数据分析，要么就是在去见客户、签文件的路上，晚上十点以后回家是再正常不过的事情了。

工作忙碌之余，每当提到"爱情"这个词的时候，苏婉都会大方地面对。在她的世界里，爱情这件事是可遇而不可求的，能遇到对的人是自己的幸运，既然现在还没遇到，自己完全可以利用这些独处的时间把生活过得很充实。

· 2 ·

不过前些时候，跟苏婉一起吃饭，她倒是少有地跟我大倒苦水起来。原因说起来也很简单，就是苏婉的妈妈实在是沉不住气了，逼着她去相了两次亲。

其中一位是妈妈的老同学介绍的G先生，G先生是个软件工程师，比苏婉大两岁，同样也在北京工作。两人互加微信之后，联系了几次，大概了解了一下对方的基本情况，然后G先生就主动提出了见面。

俩人约在了朝阳公园附近新开的一家意大利餐厅，这里很安静，装修也精致，每张桌椅都有着相对应的搭配，足以看出餐厅老板的用心和品位。苏婉是第一次来这家餐厅，对这样的环境倒也很喜欢。

G先生大概一米八的个子，一身休闲打扮，阳光白净，长相中上,给苏婉的第一印象还不错。而且他不像其他的相亲对象一样,查户口似的对苏婉问个不停。他只是说,证券这一行比较辛苦,压力也大,女孩子想做出一番业绩来,必须要付出百分之二百的努力才行。苏婉能做到现在的成绩,已经很不容易,他很佩服她的拼搏与能力。然后两个人又聊起了各自的爱好,说了说最近看过的电影。

总之,见面的整个过程轻松且没有尴尬的气氛。苏婉当时还觉得自己挺幸运的,第一次见面虽然谈不上怦然心动,但G先生给她的整体印象却是个沉稳成熟的人,应该挺靠谱儿的。

· 3 ·

后来,两个人偶尔微信聊聊天,也没有刻意地保持每天联系。到了又一个周末休息的时候,G先生主动约她喝下午茶,苏婉觉得这对两个人关系的发展是个好的开始,于是就答应了。

她还精心地打扮了自己,提前到了约好的地点,可是等来等去将近一个小时,G先生一直没有出现。就在苏婉打算离开的时刻他终于发来了信息,说自己突然被领导通知要加班,下午茶可能喝不成了,并且表示了歉意,说稍后忙完一定给她打电话。当时苏婉并未想太多,即便有些不高兴,但还是对对方的爽约表示了理解。

可好巧不巧的是,苏婉离开后往附近的地铁站走,刚好经过上次跟G先生见面的那家意大利餐厅，她走过门前一扭头，却无意中看到他跟一个长发披肩、长相甜美的姑娘正面对面聊得开心。

于是苏婉果断地删除了G先生所有的联系方式。虽然不开心的情绪持续了几天，但幸好这段感情在还未萌芽的时候就被早早地切断了。就这样，苏婉调整了心情后，很快又将全部精力投入到了紧张的工作中。

苏婉安慰自己，其实一个人的晚餐也可以配红酒。相亲虽然失败，但是对生活的质量还是得有点儿追求。

· 4 ·

很多人都问苏婉为什么要进证券公司？也有很多人不明白，看上去这么优秀的女孩，怎么一直单身呢？

苏婉总是笑着回答："因为我终于攒够了勇气去做我真心喜欢的事情。"她是真的相信，凭着自己对证券行业的这份热爱和努力，最后她的事业一定能走得更远。

还记得刚毕业工作的时候，什么都要从头开始学，要考从业资格证，要学习各种晦涩复杂的证券知识，还要随时面临着考核的压力和同事的竞争。那时候的她一刻都不敢松懈，总是鼓励自己，也一直在和懒散的心理做斗争，经常主动要求参加业务培训，啃关于证券行业的相关书籍，常常挑灯夜战到很晚。而现在的她，又要费尽心思地去带领团队，培养新人。

她说一开始，她也会在累的时候想放弃，在压力大的时候怀疑自己到底行不行，解决不了客户的问题被为难时，也会一个人躲在被窝里哭。

是啊，独自一个人在北京打拼的她，似乎根本没有时间去谈情说爱，现实只允许她把自己逼成现在这副女汉子的模样。

有人说过："我宁愿没有，也不要一个凑合的婚姻，婚姻跟人的好坏没有关系，好人非常多，但他不适合你，可能你也不适合他，这就是情感的难处。"

苏婉也常说："爱情这种事情冷暖自知，而自己不断地努力，变得更好也不是为了去迎合谁。相比较而言，与其将就着找个结婚的对象，倒不如在自己三十岁的年纪里拥有一份喜欢的事业，多一些兴趣爱好，以及培养起独处时对抗孤独的能力。"

我特别想成为像苏婉一样的人，内心明媚有光，永远对自己的爱情保持着希望和勇气，让人觉得足够温暖。

认识生活的真相后，
请你依然热爱它

· 1 ·

前段时间，我看到一个视频。

某交警执勤时，看见一辆车突然停在主干道路边，就过去询问。

开车的女士本来还算平静，看见交警过来，突然绷不住了，哭喊道："我怎么办啊，导航都不会用，给老公打电话也没人接……"

交警哭笑不得，只能先安慰她。

经过耐心询问后才知道，原来女士是新手司机，因为不熟悉路况也不会看导航，找不到回家的路，又没人能够求助，一下子崩溃了，这才把车停在了主干道路边。

视频到这里还算搞笑，配合着交警的叹息声更让人忍俊不禁。

没想到女士接着哭道："我已经加了两个星期的班了，好不容易正常时间下班，想回家做晚饭，结果又在这儿迷路了。"

她的语气带着哭腔，不是生气自己加班，也不是因为自己迷路，而是委屈，深深的委屈，还有一丝对现状无能为力的绝望，但凡经历过的人，应该能懂。

热评里说："如果她今天一天都没事，随便开车出来溜达，我想她不会这样的。重点是她已经加了两个星期的班，好不容易下班早点儿想回家做饭结果成了这样，她崩溃的不是找不到路，而是生活。"

是啊，她崩溃的不是找不到路，而是生活。

生活没有退路，感到失败和望不到头的时候，只能默默忍受，等到某一个瞬间，才能借着情绪的崩溃痛哭一场。

"我已经很努力了，为什么还是什么都做不好？"

"到底要怎么样，生活才能放过我？"

"这样看不到头的日子，到底还要过多久，我才能舒舒心心地过上自己想要的生活？"

这个世界上，没人能回答自己。

· 2 ·

大概一年前，我去出差的时候，跟大熊一起吃饭。

从我认识他开始，大熊就是个泪点很高的人，经常号称自己是铁石心肠的真汉子。

但那天酒后，大熊一本正经地问我："你觉得一个大男人会因为找不到车钥匙哭吗？"没等我回答，他就用大拇指指了指自己，嫌弃地摇了摇头。

我没有嘲笑他，而是说："这算什么，我还因为解不开耳机线哭过呢！"

两个大男人对视一眼，心照不宣地举起酒杯，眼中含笑，表情苦涩地把酒倒进嘴里，摇头不语。

你看，成年人崩溃的点，有时候真的很奇怪。

就为了一把钥匙、一串耳机线，至于吗？不至于，也至于。

如果你在我年少轻狂时告诉我，一个人会因为找不到车钥匙，解不开耳机线就哭，我会觉得不可置信且十分搞笑，也许还会轻蔑地说一句"真矫情"。

但换作现在，同样的事情，我笑不出来，也骂不出来了。

大熊急着找车钥匙是因为急着去上班，他所在的单位打卡要求严格，一迟到就扣奖金绩效，严重时甚至还会影响年终奖。

也许你会问："既然怕迟到，为什么不早点儿起呢？"

大熊也想，可是他父亲中风住院，母亲一直有慢性病，自己又是独生子，只能扛下重压，来回奔波着照顾家人，还要抽空兼职，贴补父母高昂的医药费，恨不能一个人掰成两个用。

所以在找不到车钥匙赶去上班的时候，大熊突然就崩溃了。

他不明白为什么偏偏是自己要承受这样的重压，也不知道未来的路该怎么走，更懊悔平常没有存够钱，不能让父亲接受更好的治疗，不能让母亲吃上昂贵的进口药……

成年人是不会仅仅因为找不到钥匙而哭的,他哭的是生活。

· 3 ·

不知道大家有没有相同的感觉,越长大,越成熟,眼泪就越少。

少年时,我们会因为一点儿小事流泪。摔倒了疼得不行,哭一场;暑假作业临到开学还没做完,哭一场;考试成绩不满意,哭一场;喜欢的人不喜欢自己,哭一场;被好朋友误会了,哭一场……

那个时候,看着好像永远沉稳镇定的大人,好生羡慕啊!

可是后来变成大人后才恍然明白,大人也有情绪泛滥的时刻,也有不想做的事情,也有无数个临近崩溃、坠到谷底的时候,只是他们都没有表现出来。

他们不能再随便哭了,也没有随时随地崩溃大哭的权利了。

看韩剧《请回答1988》时,我对里面的一个情节印象深刻。那是德善奶奶去世的时候,德善去参加葬礼,看大人们嘻嘻哈哈,好像一点儿也不为奶奶的逝去感到悲伤。她困惑不解,却见当姗姗来迟的大伯出现时,父亲和自己的兄弟姐妹抱在一起,崩溃大哭。

德善瞬间明白了,大人们不是铁石心肠,只是在忍,只是在忙大人们的事,只是在用故作坚强来承担年龄的重担……大人们，也会疼。

他们选择用若无其事的外表掩饰内心的累累伤痕，但总有那么一瞬间，一点儿小事就让他们再也绷不住平静的表情，只能痛哭一场，才能让自己淤积的情绪找到出口。

生活从来不会放过谁，我们这些普通人，谁不是在努力生活？

有人会因为找不到路崩溃，有人会因为找不到钥匙崩溃，有人会因为解不开耳机线崩溃，有人会因为上楼梯摔了一跤崩溃……

那些小小的事情，绊倒了我们，让我们突然开始质疑自己，委屈到想要放声大哭，哭完了，情绪散了，也就能站起来收拾干净自己，重新与生活搏斗。

· 4 ·

罗曼·罗兰说："世界上只有一种英雄主义，就是认识生活的真相后，依然热爱它。"

我们都该允许在生活中有那么一个崩溃的时刻，在这个时刻里你可以哭，可以释放情绪，可以不顾及别人的眼光让自己好受一点儿。

你知道吗？我们不是超级英雄，就算是美国队长那样的超级英雄，最终他也有选择休息老去的权利。

成年人的世界里，宣泄情绪不该成为一件可耻的事情。

在社会上被打磨过的人，都能理解你的崩溃，并愿意为你伸出援手。

就像那个因为迷路而崩溃的女士，交警一直在安慰她："新手嘛，遇到这样的事情很正常的，现在上班都不容易，我理解。我给你开路，用摩托车带你回家，送你到家门口。"

后来，交警真的把那位女士送回了家。

生活虽苦，但我们互相支持的温暖是甜。

有时候我们背负着沉重的负担默不作声地前进，却因为一些鸡毛蒜皮的小事大哭一场，可是哭完了还是得站起来，一边擦眼泪，一边把担子背起来，接着走那条路。

你，我，这个社会上的所有人，都是坚强和脆弱的混合体。

如果有一天，有人在你面前崩溃，不要嘲笑他，不要说他脆弱，不要议论他矫情……你要知道，他可能已经背负了太多的负面情绪，那些所谓奇怪的崩溃点只是将他压垮的最后一根稻草罢了。

陪伴他，让他发泄一下，不用异样的目光打量他，就足够了。

让他痛哭一场，等哭完了，天就晴了。